仕事ができる人はなぜワインにはまるのか

GS
幻冬舎新書
275

はじめに

「できるビジネスマンはなぜワインにはまるのかって。そんなの決まっているじゃないか。成功したビジネスマンはたくさんお金を持っているからさ」

タイトルを見て本書を手に取ったあなた。今こんなふうに思ったりしていませんか。私もつい最近までずっとそう思っていました。実際、ワインには高級な嗜好品というイメージがあります。ビールや発泡酒が1缶100〜200円で買えるこのご時世にあって、そこそこのワインでも1本あたり1000〜2000円はします。ワインショップに行けば一本何万円もするワインも珍しくありません。そうした高級ワインを好んで集めるコレクターも大勢います。高いワインを飲んだり集めたりするには、それなりの財力が必要です。ですから「ワインにはまるのはお金持ちだから」という答えはけっして間違いではありません。知り合いのワインの輸入業者は、「昔も今も一番のお得意様は医者と弁護士」と証言します。

しかしことビジネスマンに限って言えば、「できるビジネスマンはなぜワインにはまるのか」という問いに対し、単純に「お金を持っているから」という答えは正解の半分でしかありません。100点満点で言えば50点です。

余ったお金の使い道は何もワインとは限りません。たとえば高級腕時計のコレクションに使ったっていいわけです。同じお酒ならウイスキーにはまったっていいわけです。実際、私の知り合いにも、ワインには目もくれずウイスキー一筋という人がいます。つまり、「ワインにはまるのはお金を持っているから」という理由はやや説得力に欠けるのです。

では答えのもう半分、残りの50点はいったい何なのでしょうか。それについて具体例を挙げながら説明するのが本書の趣旨ですが、一言で言ってしまえば、「ワインは仕事やキャリアに役立つから」です。

私もワインが大好きです。いろいろなワインを日頃から、友達や知り合いとレストランやバーで飲んだり、自宅で家族と楽しんだりしています。物好きが高じて10年ほど前、日本ソムリエ協会認定のワインエキスパートという資格を取得。2009年にはさらにその上のシニアワインエキスパートという資格を取りました。単なる趣味の資格ですが、シニアワインエキスパートを名乗ると希少価値も手伝ってか顔を覚えてもらえるようになり、お蔭でワイン人脈が急速に広がりました。

一方、私の本職はジャーナリストです。長年、一ジャーナリストとして数多くのビジネスマンを取材してきました。その中には仕事を離れて一緒にワインを楽しむワイン仲間になった人もいれば、逆にワインを介して知り合い、その後取材先としてお世話になっている人も少なくありません。

そんな日々を過ごしているうちに、私はあることに気づいたのです。それは、ビジネスマンの中にワイン好きが結構いるという事実です。しかもできるビジネスマンほどワインにはまっている人が多い。これは私にとっては意外な驚きでした。

日本人はたしかに昔に比べればワインを飲むようになりました。とはいえ日本では、ワインは、少なくとも消費量で見る限りビールや日本酒、焼酎などに比べてまだまだ超マイナーなお酒です。にもかかわらず、できるビジネスマンの間ではワインが日本酒や焼酎などを差し置いて人気ナンバーワンのお酒になっているのです。この意外な発見は、ワイン好きでかつジャーナリストである私の好奇心を大いに刺激しました。いったいなぜなのだろう。そんな素朴な疑問からワイン好きのビジネスマンやワイン関係者に取材し、文献や資料にもあたってまとめたのが本書です。

「勝ち組」と「負け組」。日本のビジネス界ではいつの頃からか、好むと好まざるとにかかわらずこんな言葉が使われるようになりました。人、モノ、カネが自由に地球上を移動するグローバリゼーションの時代が到来し、企業ばかりでなくビジネスマン個人も厳しい生存競争にさらされています。何もしなくても年功序列で給料や社内の地位が上がり、定年まで雇用が保障される時代はとうに過ぎました。絶えず自分磨きを怠らず、組織に頼らないキャリア作りを心掛けないと、泥舟とともに溺れてしまいます。

「格差社会」という言葉も頻繁に耳にするようになりました。「一億総中流」と言われたのも今は昔。持てる者と持たざる者の差は急速に開き始めているのです。「平凡な幸せ」。かつてはこんな言葉を口にする日本人も多かったように思います。しかし格差社会では、平凡な幸せをつかむことさえままならなくなっているのです。

どうすれば勝ち組に入れるのでしょうか。語学力？　自己表現力？　それとも人脈？　いずれにせよ、向上心旺盛なビジネスマンなら誰でも関心のあるテーマには違いありません。自分の力で自らのキャリアを切り開きたい。本書はそんなマインドを持ったビジネスマンを念頭に書き上げました。

ところで、ビジネスマンの中には「ワインに関心はあるのだけれど、どうもワインはとっつきにくい」と言う人が大勢います。私もワインを飲み始めた頃はそんな思いを抱いていた1人です。

たしかにワインは、他のお酒と比べものにならないくらいたくさんの種類があります。赤、白、ロゼという色の違いだけでなく、原料となるブドウの種類によっても味わいが大きく変わってきます。産地もヨーロッパ、南北アメリカ、アジア、アフリカ、オーストラリアと世界を網羅。そして産地ごとにまた味わいが違うのです。ヴィンテージ（ブドウの収穫年）による違いもあります。さらには、同じワインでも熟成によってまったく別のワインに変化します。これらはすべてワインの魅力ではあるのですが、ごちゃごちゃし過ぎて何が何だかわからない。そう思ってしまうのも当然です。

しかし私は、ワインがとっつきにくい原因のひとつは、一般向けにわかりやすく書かれたワインの本が少ないためだと考えています。書店に行けばワインの本はたくさんありますが、大半はコアなワイン愛好家向けの蘊蓄《うんちく》本です。ワイン業界の人やワインオタクが読むぶんには非常におもしろいのですが、初心者はついていけません。また、一見、初心者向けに書かれた本でも、難解な内容のものもよく見かけます。ワインに限ったことではありませんが、誰にでもわかりやすく説明するという作業は案外難しいものです。

本書は、ワインに関心はあるけれども知識はほとんどないという人たちがすらすらと読めるよう、本文中のワインにかかわる記述はできるだけやさしく書くよう心掛けました。また第4章でワインに関する基礎知識をまとめましたので、ワインの予備知識のあまりない人はそこから読み始めてみるのもいいかもしれません。

コストパフォーマンスという経済用語がありますが、この言葉はワインの会話でもよく使われます。値段の安い割に美味しいワインに出合えば、「このワイン、コスパ高いなあ」と喜びますし、逆に期待して飲んだワインが値段の高い割に平凡な味わいだったら「このワイン、あまりコスパよくないね」と何だか損した気分になります。本書もみなさんにとってコスパのよい本になればと願っています。

仕事ができる人はなぜワインにはまるのか／目次

はじめに 3

第1章 ワインとビジネスのシナジー効果 17

億万長者には共通点があった 18
ネット動画の一場面から推理する孫さんの謎 20
シンポジウムのルーツはともにワインを飲むこと 23
ワインに夢中になる人は仕事にも夢中 26
IT長者にはなぜワイン好きが多いのか 28
飲みニケーションの新しい主役 29
ワインを介して緊密につながる経営者たち 30
高級ワインを飲む人を嫌味と感じるか目標にするか 32
ワイナリーを建ててしまった経営者 34
世界一を目指さなければ成功できない 37
マライア・キャリーとソニーCEOとサッシカイア 39
オーガスタ・ゴルフクラブ内レストランのワインリスト 41
イギリスでも中国でも商談はワインで 43
外交の世界でもワインは「英語」 45

ダイバーシティの時代にふさわしい飲み物は？ 46
ビジネスディナーの風景が大きく変わる 49
ワークライフバランス派もワイン党 50
「人生は楽しく」の理想的組み合わせ 52
成功の「証」ではなく成功の「原因」 55

第2章 究めずにはいられないワインの魔力 59

致命的な欠陥商品だからこそ魅力的 60
ブラインドテイスティングは当たらないのが当たり前 63
ワインの種類はカクテルより多彩 65
これでわかったということがない世界 68
できる人はブルゴーニュ好き 70
知的好奇心とチャレンジ精神を刺激する複雑さ 73
同じブランドでも味がまったく違う 76
会社勤めのワイン好きはいくらのワインを買っているか 78
96億円のムンク「叫び」と1000万円の「ロマネ・コンティ」 80

アダム・スミスが語る、高いワインが美味しい理由 84
チャーチルはフランスのシャンパンを守るために戦った？ 86
エンゲルスもレーニンも高級ワイン好き 90
「ロートシルト」はロスチャイルド家のワイン 92
70歳を過ぎてもギラギラ輝く目の秘密は寝る前の一杯？ 97
名経営者がワインを好む意外な理由 98
あらゆる治療にワインを利用していたヒポクラテス 100
ワインはブドウを丸ごと絞った発酵食品 102
仕事の疲れを癒すのにぴったりの酒 104
飲みニケーションには科学的根拠があった 107
ワインにあって日本酒にないもの 108
輸入大国に花開く豊かな批評文化 110
若者の街でもワインバーが次々にオープン 112
第3章 ソムリエは見た！ できる人のワイン作法 115
ソムリエは銀座高級クラブのママに似ている 116

できる人はソムリエとも上手につきあう 118
困るのは「安くて美味しいワインを」とだけ丸投げする人 120
ソムリエを顎で使う北風タイプは損をする 121
できる人はソムリエとチームを組んで接待する 123
自分がワインに詳しいことはソムリエに伝えてもらう 124
ボトルで注文、トップクラスの気配りとは？ 125
できる人はホストテイスティングで場を盛り上げる 126
ワイン・スノッブは世界共通で嫌われる 128
できる人は明細書を細かくチェックする 130
ワイン好きの大切な物差し「コスパ」 132
ワイン社交界の暗黙のルールが変わりつつある 133
最も気をつけるべき身だしなみは「におい」 135
できるソムリエとできないソムリエの分かれ道 137
マイペースで飲めるのはグラスのメリット 139
できる人は「肝臓五分目」で抑えられる 141
ワインに無理にこだわらないことも大事な作法 144
マイ・ソムリエナイフ、マイ・グラス、専属ソムリエ！ 146
「大人の会話」もワインの場なら自然 148

第4章 楽しみが10倍広がる簡単ワイン講座 151

知らなくても美味しい、知ればもっと美味しい 152
ワインは実は簡単に造れるお酒 154
色で分類、アルコール度数で分類、用途で分類 154
スパークリングワインとシャンパンの違いは？ 156
まずはブドウの品種で選んでみる 158
次は産地で選んでみる 163
フランスワインから入ることを勧める理由 164
ニューワールドワインはどう選ぶか 166
ヴィンテージはどこまで気にすべきか 166
「繊細な味わい」「溌剌とした酸味」の意味とは？ 167
もう少し勉強したい人のためのお勧め本 170

第5章 トップビジネスマンが語る仕事とワイン 173

大事なビジネスシーンを共にしたワイン
──出井伸之さん 174
フランス駐在中の窮地をワインが救ってくれた 174
京都人から課された品格テスト 178
仕事でもワインでも相手の笑顔を見たい
──熊谷正寿さん 181
本社受付ロビーに飾られた空きボトルの思い出 181
脳にとって最高のリラクゼーション 184
ワイン造りはコンテンツ産業
──辻本憲三さん 188
対極だからこそ結びつくITとワイン 188
「ケンゾー エステイト」のワインを小売店に置かない理由 192
ワインで仕事も趣味も広がった
──本田直之さん 194
ワインの知識は世界の共通言語になる 195

いま注目の「カリテプリワイン」とは？ 197
まだ開けてはいけないブルゴーニュ
――前澤友作さん 201
コレクションのルーツはキン肉マン消しゴム 201
ワイン造りのすべてを五感で確かめたい 205
おわりに 209

第1章 ワインとビジネスのシナジー効果

億万長者には共通点があった

まずはこれを見てください。何の順位かわかりますか。

1位　柳井正（ファーストリテイリング代表取締役会長兼社長）
2位　孫正義（ソフトバンク代表取締役社長）
3位　三木谷浩史（楽天代表取締役会長兼社長）
4位　毒島邦雄（SANKYO名誉会長）
5位　田中良和（グリー代表取締役社長）

これは、アメリカの経済誌『フォーブス』が毎年発表している「世界億万長者（ビリオネア）番付」の最新版（2012年版）から日本人だけを抜き出し、上位5人を並べたものです（肩書は2012年3月時点）。2012年版では、24人の日本人が10億ドル以上の資産を持つビリオネアとしてランクインしています。彼らはいわば究極のできるビジネスマンと言ってよいでしょう。

では、ここに並べた5人の共通点は何でしょうか。ファーストリテイリングの前身の衣料品会社を親から引き継いだ柳井さんを実質的な創業者と見なせば全員創業者ですが、それ以外の共通点は正直、私にはわかりません。しかし、5人のうち少なくとも3人には明確な共通点があります。それは大のワイン好きであるという点です。

まず3位の三木谷さん。2009年、一般社団法人日本ソムリエ協会からワイン好きの著名人に与えられるソムリエ・ドヌール（名誉ソムリエ）の称号を授与されました。同協会は日本でワインの普及に取り組んでいる団体で、ソムリエやワインアドバイザー、ワインエキスパートといった資格を発行しているのもこの団体です。つまり三木谷さんはワイン業界お墨付きのワイン愛好家というわけです。

ソムリエ・ドヌールの就任式の様子をリポートした同協会の機関誌『Sommelier（ソムリエ）』には、三木谷さんのこんなコメントが載っています。

「私とワインの出会いは、1991年ハーバードに留学したときから日常的に飲むようになり、その後、全米を車で回った際、ナパ・ヴァレーのワイナリーツアーでワインの魅力にすっかり取り憑《つ》かれた」

さらに自身の著作『成功の法則92ヶ条』（幻冬舎）でも、ビジネスのアイデアを練り上げる方法をワインの飲み方にたとえるくだりがあります。引用してみましょう。

具体的にいえば、あるワインを飲んで美味しいと感じる。それから、なぜ美味しいのかと考えて、たとえばこのワインは何年のどこ産のワインだから、タンニンがちょうどよくこなれてまろやかになっているからだとか分析する。分析したら、ふたたびワインを飲んで、自分の感覚でその美味しさがタンニンのまろやかさによるものなのかどうかを確かめる。そうすると、いやタンニンだけではなくて、この香りもいいんだよなとか、つまり言語化され切っていない部分がわかる。では、その香りの正体は何かと考える……。

かなり専門的です。三木谷さんはそれだけワインが大好きで、かつ詳しいということです。

ネット動画の一場面から推理する孫さんの謎

2位の孫さんは、一部のワイン関係者の間では「謎のワイン愛好家」として知られているようです。なぜ「謎」なのか。あるワイン関係者によれば、孫さんがワイン好きであることはほぼ間違いなく、膨大なワインコレクションも持っているらしいのだが、ワインの話でメディアに登場したことがない。さらには、それほどのコレクターであればどうやって買っているかという情報が漏れ伝わってもよさそうなのに、さっぱりわからない、からだそうです。私もワインの話を聞きたくて孫さんにインタビューを申し込みましたが、だめでした。そこで孫さんに関する情報が何かないかとインターネットで探したところ、非常に興味深い動画を発見。それを見て私は、孫さんが無類のワイン好きであると確信しました。

動画は、孫さんとあるITジャーナリストの討論を、動画共有サービスのユーストリームなどが中継したものでした。夜の8時にスタートした討論は途中からワインが持ち込まれ、一段と熱を帯びてきました。私が注目したのは、もちろん討論の内容ではなく、ワインが注がれたワイングラスです。

ワイングラスにはいろいろな形や大きさがあり、ワインにこだわる人は飲むワインの種類によってグラスを使い分けます。レストランでも、ちゃんとしたところは客が注文したワインに一番ふさわしい形や大きさのグラスを用意します。

孫さんのそのときのワイングラスはやや縦長の非常に大きなグラスでした。このたぐいのグラスは一般にフランスのボルドー地方などで造られる重厚な赤ワインを飲むときに使われます。同じボルドーでも「シャトー・マルゴー」など高級なワインを飲むときはとくに大振りのグラスが用いられます。そのほうがグラスの中でワインが空気とまざりやすくなり、そのワインが本来持っている豊かな香りや味わいがより引き立つからです。孫さんの手にするワイングラスと、グラスの中の赤ワインの重厚そうな色合いを見て私は、孫さんの飲んでいるのはボルドーワイン、それもかなり高級なワインではないかと推測しました。

しかもテーブルの上にはボトルではなくデカンタ（デキャンタとも言います）が置いてありました。デカンタはワインをボトルから移し替えるためのガラスの器です。デカンタを使う目的はふたつあります。ひとつは年代物のワインを開けたとき。良いワインは、年がたつとワインの中に溶けていた色素などが再び固まって澱《おり》となり、ボトルの底に沈殿します。そうしたワインをボトルからグラスに直接注ぐと澱も一緒に入ってしまうので、それを避けるためにいったんデカンタに移し替えるのです。もうひとつの目的は、ワインの香りを開かせるためです。先ほども述べたように、高級ワインは空気に触れると香りが広がり、その真価をより発揮します。

孫さんがデカンタを使った理由がどちらなのかわかりませんが、いずれにせよ、ワインに強いこだわりを持った人だということが動画を見てわかりました。こんな高級ワインはそう簡単には用意できないでしょうから、孫さんがわざわざ自身のコレクションから引っ張り出してきた可能性もあります。

シンポジウムのルーツはともにワインを飲むこと

それにしても、ワイングラス片手に熱く持論を展開する孫さんの様子を見て、私はビジネスの場におけるワインの存在感を改めて認識せざるを得ませんでした。

そもそも討論会を意味する英語の「シンポジウム」は、古代ギリシャ語の「シュンポシオン」から来ています。シュンポシオンは「ともに飲む」という意味です。古代ギリシャ人はともに何を飲んだのでしょうか。もちろんワインです。現代のワインとは色合いも風味も大きく違っていたことでしょうが、それは間違いなくワインだったのです。世界的に有名なイギリス人のワイン評論家、ヒュー・ジョンソン氏は著書『ワイン物語』（小林章夫訳、平凡社）の中で、「『討論会』という現在の意味は、ワインを飲みながら男たちが食後の長い歓談をするギリシアの習慣からきている」と述べています。

ソクラテスやプラトンも、ワインを飲みながら仲間と熱く哲学を語り合ったに違いありません。実際、彼らの残した言葉の中には、ワインに関するものが実に数多くあります。たとえばプラトンはこんなふうに言っています。

「よい家柄の教養ある男子がシュンポシオンに集まれば、フルート吹きやハープ弾きの女の姿は見られない。そんなくだらない子供じみたことなどせずに、自分たちが話したり聞いたりする声で十分楽しめるし、たくさんワインを飲んでも常に礼儀を失わずにいることができるのである」（『ワイン物語』）

古代ギリシャの討論会を現代のビジネス社会に当てはめるなら、さしずめ、ビジネスマンがバーやレストランでワインを飲みながら、同僚と議論したり取引先と商談したりする光景が当てはまることでしょう。ワインはオリンポスの神々の時代から人を雄弁にする力があるようです。

何が人を雄弁にするのでしょうか。秘密のひとつはワインのアルコール度数にあるように思います。ワインのアルコール度数は低いもので10％前後、高くても14％前後で、一番多いのは12〜13％台です。ギリシャ時代のワインのアルコール度数が今と同じだったかどうかは定かではありませんが、ワインのアルコール度数は基本的にブドウの果実に含まれる糖度に比例するので、アルコール度数が今より低かった可能性こそあれ、逆に今のワインのアルコール度数を大幅に上回るワインはおそらくなかったと思われます。

もちろんお酒に強いか弱いかという個人差はありますが、12〜13%ぐらいのアルコール度数というのは、心身の緊張を適度に解きほぐし、ほんのちょっとだけ気を大きくさせるのにちょうどよい強さなのではないでしょうか。飲んで美味しければさらに楽しい気分になり、饒舌《じょうぜつ》にもなるというものです。動画の中の孫さんがいつにも増して一段と雄弁に見えたのも、きっとワインのせいだったに違いありません。

億万長者番付の話を続けましょう。5位のグリーの田中さんは公開された情報では本人がワイン好きかどうかわかりませんでした。しかし、田中さんをよく知るビジネスマンやワイン関係者に取材した結果、彼もまた間違いなく大のワイン好きであることがわかりました。

1位の柳井さんと4位の毒島さんに関しては、いろいろと調べましたが、ワイン好きかどうか不明です。しかし日本人の億万長者上位5人のうち少なくとも3人が大のワイン好きであるという事実は、日本にはもともとワイン文化がなかったことを踏まえれば非常な驚きです。単なる偶然とはとても思えません。

ワインに夢中になる人は仕事にも夢中

21位と順位は下がりますが、スタートトゥデイ創業者で同社代表取締役の前澤友作さんも超のつくワイン愛好家です。スタートトゥデイは若者を中心に人気のファッション通販サイト「ZOZOTOWN（ゾゾタウン）」の運営会社。2011年の1年間で株価が66％も上がるなど急成長を遂げ、今もっとも注目されている企業のひとつです。

21位といっても、『フォーブス』によれば前澤さんの資産は11億ドル。1ドル80円で換算すれば880億円にも上ります。まぎれもない勝ち組ビジネスマンです。しかも年齢はまだ30代半ば。高校卒業後に音楽バンドを結成し、メジャー・デビューも果たしたという異色の経歴の持ち主でもあります。日本人のビリオネア24人の中で、30代は前澤さんとグリーの田中さんしかいません。その2人がそろって大のワイン好きというのも、これまた単なる偶然でしょうか。

前澤さんは超多忙な中、私がワインの話を聞きたいと取材を申し込んだら、二つ返事で応じてくれました。前澤さんは経歴も異色ですが、ワイン愛好家としても型破りです。インタビューしたのは2011年の秋でしたが、そのときすでに4000本ほどのワインをコレクションしていました。それらは業者の倉庫に預けていましたが、大切なコレクションを手元に置いておくため、自宅地下に6000～7000本収納できる巨大なカーヴ（貯蔵庫）を建設中だと教えてくれました。カーヴには、ワインの試飲や食事もできるようバーカウンターやテーブルも設置するということです。ワイン愛好家が聞いたら垂涎《すいぜん》ものです。

そんな前澤さんは、子どものころから気に入ったものは何でも集める収集癖があったそうです。たとえば「集めたビックリマンチョコのシールの数は学年で一番でした」と笑いながら話してくれました。そもそも現在のビジネスも、趣味で集めた膨大な数のCDやレコードのカタログ通販を始めたことがきっかけです。前澤さんにとってはおそらく、ビックリマンチョコのシールもCDも高級ワインも一緒なのです。

さらに想像力を働かせれば、きっと今のビジネスも好きで夢中になって、その結果、成功を収めたのではないでしょうか。音楽バンドでメジャー・デビューを果たせたのも、夢中になって音楽活動をやったからでしょう。つまりできるビジネスマンほど好きなことには何にでも夢中になれるのです。そう考えると、仕事に夢中になれるビジネスマンがワインに夢中になるのはごく自然のことなのです。

IT長者にはなぜワイン好きが多いのか

スタートトゥデイはインターネット専門の小売店なので広い意味ではIT（情報技術）企業です。同じように、長者番付2位の孫さんも、3位の三木谷さんも、5位の田中さんも、そして21位の前澤さんもすべてIT長者と言えます。したがって「IT長者＝大のワイン好き」という構図も成り立つのです。ではなぜIT長者にはワイン好きが多いのでしょうか。

まずIT長者は、日本の経営者としては比較的年齢の若い人が多いということが挙げられます。IT企業にはベンチャーが多いので当たり前と言えば当たり前なのですが、還暦過ぎが当然のような日本の大企業の経営者と比べると、年齢の違いは歴然としています。たとえば先述したように田中さんや前澤さんはまだ30代半ばです。三木谷さんは40代後半。IT業界では古株の感のある孫さんですらまだ50代半ばです。さらには、自著や雑誌でワイン好きを公言しているサイバーエージェントの代表取締役社長CEO、藤田晋さんも40

歳前後と、ワイン好きのＩＴ経営者は本当に若い人ばかりです。

飲みニケーションの新しい主役

日本のビジネスマンがワインを普通に飲むようになったのは比較的最近の話です。今でこそワインバーやワインの品ぞろえの充実したレストランがあちこちに増え、そこで同僚や友人、取引先とワインを飲むビジネスマンの姿も目立ちますが、一昔前はあまり見られない光景でした。

メルシャンのホームページに出ている資料によれば、日本でワインの消費量が急激に伸びたのは１９９０年代後半。たかだか十数年前です。１９７０年代の日本人のワインの消費量は現在の10分の１にすぎません。

日本人のお酒に関する嗜好は急速に変化してきているのです。そうした変化を考えれば、いまの30代や40代のビジネスマンのほうが50代あるいは60代のビジネスマンよりも比較的若いころからワインに接する機会はずっと多かったはずです。現在活躍している若手経営者が20代あるいは30代のころにワインと出合ってその美味しさを知り、だんだんとはまっていったと容易に想像がつきます。

ビジネスの世界に「飲みニケーション」という言葉があります。コミュニケーションをひねった言葉で、お酒を飲みながら腹を割って本音を言い合ったり楽しい時間を共有したりすることでお互いの理解や仲間意識が強まり、普段の仕事にもプラスになるという意味です。ビジネスマンの飲みニケーションを演出するお酒と言えば、かつては圧倒的にビールや日本酒や焼酎でした。現在でも消費量を見る限りはビールや日本酒、焼酎が飲みニケーションの主役であることは間違いありませんが、ここに急速にワインが割って入ってきているのです。私の取材したビジネスマンを見る限り、できるビジネスマンほど飲みニケーションのツール（道具）はワインという傾向が強い気がします。

ワインを介して緊密につながる経営者たち

しかし単に時代の変化に伴う日本人のお酒に対する嗜好の変化というだけでは、ITという特定の業界の若手経営者がなぜワインにはまるのかを説明するには力不足です。実はワインの取材をしていく中で、多くの若手IT経営者がワインにはまったより確実な理由を突き止めました。

国内有数のインターネット事業グループを率いるGMOインターネット代表取締役会長

兼社長の熊谷正寿さんに取材したときのことです。GMOの本社の来客用ロビーに入ったとき、1本の空のワインボトルが透明なケースに入って展示してあるのがすぐ目にとまりました。近づいて見てみると、ボルドーと並ぶフランスの世界的なワイン産地ブルゴーニュの高級ワイン「エシェゾー」です。しかもヴィンテージは1961年。ますます興味をそそられました。熊谷さんに聞いたら、2008年にグループ会社の1社が株式上場を果たした際にその会社の創業者らと記念に開けたボトルだということです。ワイン関係の会社でもないのにロビーにワインを飾ってあること自体、熊谷さんのワイン好きを示す十分なエピソードです。

その熊谷さんに、なぜ若手IT経営者にワイン好きが多いのか質問したところ、こんな答えが返ってきました。

「僕がワイン好きでみんなに飲ませているというのが、たぶん冗談ではなく本当の理由だと思います。この業界では僕がかなり早い時期に株式を上場しているので、先輩格。上場企業の先輩として後輩の経営者とご飯を食べるときは、ワインのある場所にご一緒します。みんな僕の影響でワイン好きになったと思います」

あまりにも自信満々に言うので、私は正直、本当だろうかと疑いました。相手の言ったことは鵜呑みにしない、疑念を持ったら必ず裏を取る。取材の鉄則です。そこである若手IT経営者に「熊谷さんはこんなこと言っていますが、どうなのですか」と聞いたところ、「いや、たしかにそれは本当です。僕もこの前、ワインを飲ませてもらいました」。なんと本当だったのです。

もちろん、若手IT経営者の全員が全員、熊谷さんとワインを飲み交わしているわけではありません。しかし、その多くがワインを介して互いに親しい関係を築いていったというのはおそらく間違いのない事実です。そうした経営者同士の親密な交流が、新たなビジネスチャンスへとつながっていくのです。

高級ワインを飲む人を嫌味と感じるか目標にするか

ところで世の中にはお金持ちがワインの話をすることについて嫌味に感じる人もいるかもしれません。たしかにお金持ちの人たちが好んで飲むワインは大抵、高級ワインで、私たちのような一般人が飲みたくても簡単には飲めない代物です。

「ワイン・スノッブ」という言葉があります。やたらとワインの知識をひけらかす嫌味なワイン通という意味です。こうした言葉があることからもわかるように、人前で堂々とワインの話をすることは、なぜかはばかられる雰囲気が世間にはあります。

たしかに知識のひけらかしはよくありません。しかし私は成功したビジネスマンが高級ワインについて語ること自体はよいことだと思います。私自身、そういった話を聞くのがとても楽しみです。できるビジネスマンとワインの話をしていると、昨晩は誰々と高級シャンパンの「クリュッグ」を飲んだとか、高級カリフォルニアワインの「オーパス・ワン」を開けたとかいう話が出てきます。いずれも小売店で買えば1本数万円はします。それを聞いて嫌味だとは私は思いません。むしろ「よし、自分もそんな高級ワインを飲めるようになるぐらい仕事を頑張ろう」と前向きな気持ちになります。同じような思いを抱くビジネスマンも多いのではないでしょうか。

これはプロスポーツ選手の話と同じだと思います。たとえば努力と才能で一流と評価されるまでにのし上がったプロ野球選手が、何億円という文字通り桁違いの年棒をもらったり、高級車を乗り回したり、美人の奥さんをもらったりするのを見て、「なんて嫌味なやつ」と思う人はいないでしょう。むしろ子どもたちや若者にとっては、その選手のライフスタイルが人生の目標やロールモデル（手本）となるはずです。

ビジネスマンが今から一流のプロスポーツ選手になることは難しいですが、一流のビジネスマンになることはできます。ですから、大成功を収めたビジネスマンの人たちが高級ワインを飲んでいるのを見たり聞いたりして、よし、自分もそんなワインが飲めるようになるぐらいキャリアアップを目指そうと考えるのは、とてもポジティブな思考だと思います。ワインというのは向上心を刺激してくれる飲み物なのです。高級ワインを飲んでいる人を嫌味と感じるか目標と見るかの違いで、すでにその人は人生の分かれ道に立っているとも言えるのではないでしょうか。

ワイナリーを建ててしまった経営者

ワイン好きが高じて自分のワイナリーを建ててしまった経営者もいます。世界的なゲーム制作会社カプコンの創業者で、現代表取締役会長兼ＣＥＯの辻本憲三さんです。

辻本さんの経営するワイナリー「ケンゾー　エステイト」は、高級ワインの産地として世界的に有名なアメリカ・カリフォルニア州のナパ・ヴァレーにあります。ワイナリーの総面積は現地でも最大級の約４０００エーカー。その一部、約１００エーカーを耕してブドウの苗を植え、２００８年に最初のワインを発売しました。

「ワイナリーの大きさは東京都中野区とほぼ同じです。入り口からブドウ畑までは約２キロ。森の中をしばらくドライブしてやっとたどり着ける広さです。初めて訪れた人はみなびっくりしますよ」と辻本さんはにこにこしながら話してくれました。敷地内には数百頭の野生の鹿や七面鳥、さらにはマウンテンライオンまで棲息《せいそく》しているということです。まるでサファリパークです。

土地を購入したのは１９９０年代初めでしたが、当初の目的はアメリカでアウトドア事業を展開するためでした。実際、５年ほど乗馬クラブを運営したものの軌道に乗りませんでした。そんな折、そこがワイン用ブドウ栽培に適した土地であることがわかり、ワイナリーを作る考えが浮かんだということです。

しかし、それには太い伏線がありました。１９８０年代、本業のゲーム事業でアメリカに進出した辻本さんは、仕事でしばしばカリフォルニアを訪れていました。現地で、日本では手に入らないものまで含めたさまざまなカリフォルニアワインを味わっていた辻本さんは、ワイン産地としてのナパのレベルの高さを肌で感じていたのです。

辻本さんがワイナリーを建てることができたのは、本業で蓄えた豊富な自己資金のお蔭であることは言うまでもありません。しかしいわゆる「金持ちの道楽」ではけっしてありませんでした。その証拠にこんな事件がありました。

苗から育てたブドウの木がようやくワインに適した実をつけるようになった2001年秋、「ケンゾー　エステイト」は最初の収穫を迎えました。しかしブドウは結局、収穫されることなく、ワインも造られませんでした。理由は、辻本さんが当時、新たに畑の管理を任せたヴィンヤード・マネージャー（栽培家）が、14万本のブドウの木をすべて引き抜き、畑を作り直すよう命じたからです。ワイン造りは畑が9割とも言われます。それぐらい、良いワインを造るには良い畑で良いブドウを栽培することが大切なのです。辻本さんは、自分で造ったワインを味わえるようになるまでに、さらに数年待たなくてはなりませんでした。そのときは相当の落胆ぶりだったようですが、それでもけっして妥協の道は選びませんでした。

辻本さんがそこまで徹底したのは、「どうせ造るなら世界で一番のワインを造りたい」という強い信念があったからです。この「一番」という言葉は、できるビジネスマンを語る上でのキーワードの一つです。たとえば日本一の大金持ち、ファーストリテイリングの柳井さんも、「世界一のアパレル製造・小売業を目指す」と公言してはばかりません。ちょっと前に「一番じゃなきゃだめなんですか？」と有名な台詞を吐いた政治家がいましたが、少なくともビジネスの世界では、結果はどうであれ、その業界や分野でトップを目指すぐらいの意気込みでやらないと成功は覚束ないのではないでしょうか。いろいろな経営者を見てきて私はそんな思いを強くしています。

辻本さんが巨大ワイナリーを建ててしまうほどワインにはまったのも、ワインが辻本さんのビジネスマンとしての本能を刺激したからに違いありません。それほどまでにワインというのは、できるビジネスマンを魅了する何かを持っているのです。

世界一を目指さなければ成功できない

辻本さんはこんな面白い話もしてくれました。

「実はゲーム制作もワイン造りもまったく一緒です。両者ともエンゲル係数には入っていません。つまり人が生活していく上で必要不可欠なものではないのです。人は着る物がないと風邪をひきます。食べる物がないと死んでしまいます。寝るところがないと暮らしていけません。それに対し、ワインやゲームはなくても困りません。でも、あったら本当に楽しいという世界なのです。

だからこそ、いい加減なものを作っていては売れない。世界一を目指してやらないとビジネスとしては成功しません」

ナパ・ヴァレーを中心とするアメリカ・カリフォルニア州のワイナリー経営者には、辻本さんに限らず、異業種からの参入組が少なくありません。たとえば、カリフォルニアワインの中にはカルトワインと呼ばれる超高値のワインがあります。そのひとつ「ハーラン・エステート」のオーナー、ビル・ハーラン氏はホテルや不動産業で財をなした後、ナパでワイン造りを始め、大成功を収めました。ほかにも、ニューヨークのインベストメント・バンカーやシリコンバレーのIT企業幹部などワイナリー経営者の経歴はバラエティに富んでいます。変わり種では、ビジネスマンとは違いますが、エース投手として長年、活躍した元メジャー・リーガーもいます。

会社の経営とワイン造りには何か共通点でもあるのでしょうか。実は大いにあるようです。商船三井代表取締役会長の芦田昭充さんは日本経済新聞のコラムで、出張先のドイツで立ち寄ったワイン蔵の主人との会話を引用しながら、ワイン造りと経営の共通点についてこう書いています。

「主人によれば、ぶどうをどのタイミングで収穫するかがワイン作りでは非常に重要となる。（中略）これは企業経営でも全く同じ。周囲の状況を見極めつつ、どのタイミングで投資と回収をするかが経営の要諦といえる」

絶えずさまざまなところにビジネスのヒントを求め、それをビジネスに生かす。これもできるビジネスマンの資質のひとつではないでしょうか。ビジネスマンが知らず知らずのうちにワインに関心を抱くのも、ビジネス・マネジメントとワイン造りの共通点を無意識のうちに感じ取っているからかもしれません。

マライア・キャリーとソニーCEOとサッシカイア

『神の雫』というワイン漫画をご存じでしょうか。テレビドラマ化までされた人気漫画で、私もファンの1人です。大人向けの漫画ということもあり、『神の雫』にはビジネスマンが高級レストランで商談するシーンがたびたび登場します。そこにワインが絡んでくるのですが、漫画なので「お約束」のトラブルが必ず起きます。たとえば、大切な取引先を接待するために用意した超高級のレアものワインを店のスタッフが落として割ってしまった、などです。すると、天才的な嗅覚を持つ主人公の神咲雫《かんざきしずく》やライバルの遠峰一青《とおみねいっせい》がタイミングよく現れて、神がかりの能力を発揮し問題を解決。商談も無事にまとまり一件落着といった具合です。

こんな話はまさに漫画の世界の話で、現実の世界ではまずありえません。しかし次に紹介する実際にあった話は、映画かテレビドラマのワンシーンをイメージしてしまいそうな話です。

現在、投資会社クォンタムリープの代表取締役ファウンダー&CEOを務める出井伸之さんがソニーのトップだったときの話です。アメリカの歌手マライア・キャリーが来日することになり、出井さんはマライアさんと都内のホテルのレストランで2人きりで食事をする約束をしました。マライアさんはソニー傘下の音楽会社ソニー・ミュージックエンタテインメントに一時所属するなど、ソニーとはもともと仕事上のつながりがありました。

さて約束の当日レストランに行ってみると、席は個室ではなく、隣に一般客も座っているテーブル席。みな生のマライアさんを見てびっくりしていたそうです。マライアさんはその場に、自分の大好きなワインだと言ってイタリアの超高級赤ワイン「サッシカイア」を用意していました。そして出井さんと「サッシカイア」を飲み交わしながら、新たなビジネスの話を持ちかけたということです。

この話は私が出井さんにワインの取材をしたときに秘話として披露してくれました。出井さんもワインが大好きで、ワインに対する造詣は相当のものです。だからこそマライアさんの用意した「サッシカイア」の持つ意味を理解し、そのシーンを詳細に覚えていたのでしょう。果たして何の商談だったのか、商談がうまくいったのかどうか、そこまでは聞きませんでしたが、世界のソニーのトップと世界の歌姫がレストランでワイングラスを傾けながらビジネスの話をするなんて、ちょっと絵になる話だとは思いませんか。

オーガスタ・ゴルフクラブ内レストランのワインリスト

出井さんとワインの秘話をもう一つ紹介しましょう。

アメリカのゼネラル・エレクトリック（GE）の最高経営責任者を務め、アメリカの経済誌『フォーチュン』が「20世紀最高の経営者」に選んだジャック・ウェルチさんとゴルフをしたときの話です。場所は、あのマスターズが開かれるジョージア州のオーガスタ・ナショナル・ゴルフクラブ。ウェルチさんはラウンド後、「きょうはおいしいワインを飲もうぜ」と言って、会員しか入れないクラブ内のレストランに出井さんを連れて行ってくれたそうです（ウェルチさんがべらんめえ調かどうかは知りませんが、出井さんはウェルチさんの言葉をこう表現していました）。

そのレストランのワインリストに載っているワインはどれも高級でしたが、普通のレストランでの値段に比べて非常に安い値段に設定されていました。オーガスタは会費がとても高いので、ワインは逆に安く提供しているのだそうです。出井さんはリストを見て思わず「これは安いな」と言ったら、ウェルチさんは「おまえ、よくワインがわかるな」と大喜びし、1982年物のボルドーワインを注文しました。ちなみにボルドーの1982年は「世紀のヴィンテージ」と言われ、どのワインも素晴らしい出来栄えです。もちろん値段が高いことは言うまでもありません。「欧米の経営者はワインが好きですね」と出井さんはしみじみ言います。

今やビジネスのグローバル化で、日本のビジネスマンもアメリカやヨーロッパ、さらには中国やインドといった新興国のビジネスマンと仕事をする機会が急速に広がっています。当然、外国人のビジネスマンと食事をする回数も増え、一緒にお酒を飲むこともあるでしょう。その場合やはり主役となるお酒はワインなのです。もちろん、たとえば日本を初めて訪れた外国人のビジネスマンに日本の文化を紹介する意味で、寿司屋に連れて行き日本酒で乾杯といったことはあるでしょう。しかしそれはあくまで初回限定のセレモニー。「外国のビジネスマンと飲むふだんのお酒はやっぱりワイン」と多くのビジネスマンは口をそろえます。

イギリスでも中国でも商談はワインで

そうは言っても、たとえばイギリス人はビール、中国人は紹興酒ではないのですか、といった反論も出てきそうです。しかし、取材したイギリス王室御用達の老舗ワイン商、ベリー・ブラザーズ&ラッド（BB&R）のイギリス人幹部によれば、イギリスでは今、毎月50軒というものすごいペースでパブが閉店しているそうです。会社帰りに同僚や友人とパブでビールを飲みながら歓談、といったお馴染みの光景がだんだん姿を消しつつあるというのです。この幹部は「ビールは英国人の飲み物としてのアイデンティティーを失いつつある」とまで言い、それと入れ替わるようにしてワインの人気が高まっていると話してくれました。

日本を抜いて世界第2位の経済大国になった中国でも、生活水準の向上に伴い、ワインの消費量が急激に増えています。読売新聞のオンライン版によれば、香港を含む中国市場の2011年のワイン消費量は1億5619万ケースに達し、イギリスを抜いて世界第5位の消費国に躍り出ました。同じく読売新聞がイギリスの調査会社IWSRの予測として伝えたところによると、中国・香港市場の2011～2015年のワインの消費量は54％伸び、日本や韓国、インド、タイ、マレーシアなど他のアジア市場と共に世界のワイン市場をけん引すると見られています。

中国人にとりわけ人気なのはフランス・ボルドーの高級赤ワインで、中国人の買い付け量があまりにも多いために、ボルドーの高級赤ワインの国際相場が急騰してしまったほどです。

最近、中国人実業家がボルドーのワイナリーを買収したり、ブルゴーニュの有名なブドウ畑を購入したりするニュースが相次いでいます。いずれも中国人の富裕層向けワインの生産・販売が狙いです。逆に、中国市場の将来性を見越して、フランスの有名ワイナリーが中国に進出しワインの現地生産に乗り出すケースも出始めています。たとえばボルドーの5大シャトーのひとつ「シャトー・ラフィット・ロートシルト」の持ち株会社「ドメーヌ・バロン・ド・ロートシルト（DBR）」は2012年3月、中国の大手金融機関と組んで約13億円を投じ、山東省蓬莱市でワイナリーの建設に着手しました。

日本企業も中国に次々と進出していますが、これからは、日中のビジネスマンが北京や上海などの高級レストランでワイングラス片手に商談といった光景が当たり前のようになっていくのかもしれません。世界中に無数の言語がある中、ビジネスの世界では英語が共通語となっているように、世界中に無数の種類のお酒がある中、ビジネスの世界ではワインが世界共通のお酒になりつつあるのです。

外交の世界でもワインは「英語」

こうしたいわば「ワインの英語化」は、実はビジネスの世界より一足先に外交の世界で起きています。

日米首脳会談や先進国首脳会議といった外交の場では、首脳同士が胸襟を開く場として晩餐会や夕食会がしばしば開かれます。これを饗宴外交と言います。食事をしながらのざっくばらんな会話が首脳同士の信頼関係を強め、ひいては国同士の距離感を縮めることもあるからです。

饗宴外交にはお酒がつきものです。毎日新聞社で海外特派員を長く経験した西川恵さんは著書『ワインと外交』（新潮新書）で、「中国でもかつてはアルコール度数の高い蒸留酒が饗宴の飲物だったが、いまではワインがとって代わった」と述べ、「世界標準化は饗宴の世界でも一つの流れ」と指摘しています。

また、ロシアで開かれる饗宴ではソ連の時代から「洗練されていないが、ワイルドなロシア料理と合う」グルジア共和国のワインが供されてきました。しかし2006年にサンクトペテルブルクで開いたG8サミットの晩餐会で各国首脳に振る舞われたのは、グルジアワインではなく、イタリアとフランスのワインでした。洗練された西側のワインを供することで超大国ロシアの復活を西側諸国に象徴的に示すという意味合いがあったのではないか、と西川さんは解説しています。いわば外交メッセージをワインに込めたというわけです。果たしてロシアの真意が何だったのかはわかりませんが、こうした解釈が可能なのも、ワインが英語同様、世界共通の「言葉」になりつつあるからにほかなりません。

ダイバーシティの時代にふさわしい飲み物は?

グローバリゼーションと並ぶビジネス界の大きなトレンドが社内のダイバーシティ(多様性)の推進です。もともとはアメリカの企業、とりわけ大企業が力を入れてきた取り組みのひとつですが、最近、日本でもよく耳にするようになりました。

アメリカの企業がダイバーシティに取り組む理由は、ダイバーシティが女性や黒人、アジア系といったマイノリティー(少数派)の雇用や幹部への登用の拡大を意味するからです。これらは即、企業のイメージアップにつながります。ダイバーシティの進んだ職場は価値観やアイデアの多様化を生み、それが新製品の開発や斬新なマーケティングにつながり、結果的に市場での競争に打ち勝って会社全体の利益拡大につながると言われています。進化論で有名なイギリスの生物学者チャールズ・ダーウィンは「種類の多様化した生物ほど生存競争で生き残る可能性が高くなる」と述べています。企業も、企業を取り巻く環境の変化への対応次第で、進化（成長）もすれば絶滅（倒産）もする生き物です。グローバリゼーションで生存競争が激しくなればなるほど、ダイバーシティの推進が必要になってくるのです。

日本の場合はアメリカほど人種の多様化した社会ではないので、企業がダイバーシティに取り組む最大の目的は女性の活用推進です。実際、ソニーや日立製作所、第一生命など数多くの企業が「ダイバーシティ」の名を冠した専門部署やプログラムを作って女性の活用推進に力を入れ始めています。

こうした企業の取り組みに加え、女性自身の意識の変化もあって、日本でも欧米諸国のように第一線で活躍する、できるビジネスウーマンが徐々に増え始めました。ビジネスウーマンが増えるということは、ビジネスマンにとっても女性の同僚や取引先でのカウンターパートが増えるということです。当然、仕事上、飲みニケーションをとる必要性も出てくることでしょう。そこで登場するのがワインです。

一般に女性は男性に比べてワイン好きです。会社の帰りにでも近くのワインバーをのぞいてみれば一目瞭然です。客の大半は女性です。また日本ソムリエ協会が認定するワインエキスパートの有資格者のおよそ3人に2人は女性です。女性は男性に比べてお酒が弱いとよく言われます。にもかかわらず、ワインに限ってはなぜ女性は男性よりワインを好んで飲むのでしょうか。何か医学的、社会学的理由でもあるのでしょうか。私も理由を知りたいところです。

カリフォルニアワインの代名詞とも言われる故ロバート・モンダヴィ氏の長男、マイケル・モンダヴィさんが来日した際、本人から直接聞いた話ですが、女性のほうが男性に比べて味覚が敏感なので、繊細な味覚が要求されるワイン造りには女性のほうが向いているそうです。モンダヴィさんは現在、ナパ・ヴァレーにある自身のワイナリーで長男と長女と一緒にワイン造りをしていますが、長女の仕事ぶりを間近で見て強くそう感じると言います。世界を見渡してみても、高級ワインの中には女性のワインメーカー（醸造家）の手によるものが少なくありません。たとえば、先ほども触れましたが、カリフォルニアワインの中にはカルトワインと呼ばれる超高値のワインがあります。その中でもひときわ値段の高い「スクリーミング・イーグル」というウルトラカルトワインがありますが、その

「スクリーミング・イーグル」の評価を高めたワインメーカーはハイディ・バレットというアメリカ人の女性です。フランスにも著名な女性のワインメーカーやワイナリー経営者が大勢います。

ビジネスディナーの風景が大きく変わる

そう考えると女性にワイン好きが多いのもうなずけます。私もビジネスウーマンの友人や知人が大勢いますが、大抵ワイン好きです。しかも結構ワインに詳しかったりします。勢い、彼女たちに取材をするときなどは、「じゃあ、ワインでも飲みながら」ということになります。

ビジネスウーマンが増えるのに伴い、日本でも飲みニケーションの風景が大きく変わっていくことでしょう。会社帰りの同僚との一杯も、あるいは大切な取引先とのビジネスディナーも、「じゃ、ワインでも飲んで」とか「では、ワインでもご一緒しながら」というふうになっていくはずです。

ダイバーシティの時代、ビジネスウーマンと上手に付き合っていけるかどうかは、できるビジネスマンの大切な要素と言えます。現ワコールホールディングス代表取締役社長の塚本能交《よしかた》さんは、かつて朝日新聞紙上でこう述べていました。

「もしあなたが男性なら、自分が男だから、上司であるから、あるいはまた女性と話す時はつい遠慮してしまうからといった理由で、腹を割って話ができないなら、自分の中にあるその壁をまず認め少しずつ越える努力をする。女性を同僚、同志であると自分に言い聞かせチームとして考える。これだけ状況が激変する中で、女性をビジネスパートナーと認識できない男性企業人は、これから活路を開くことが本当に難しくなるでしょう」

ワークライフバランス派もワイン党

ここまで紹介してきたワイン好きのビジネスマンは、日本でも指折りの有名企業の現役の経営者だったり、つい最近までそうした企業のトップだったりした人たちばかりです。ゼロから会社を立ち上げて大企業に育てたり、大企業のトップに上り詰めたりするには、人並み外れた努力が必要です。そうして結果を出したビジネスマンが尊敬されるのは当然です。しかし最近は、「ガツガツ成功を目指す」とか「お金持ちを目指す」ことよりも、「自分のスタイルを大切にし、そこそこハッピーに生きたい」と考える若いビジネスマンも増えています。そんな価値観を持つ人たちにとっては、ここまで本書で紹介してきた勝ち組ビジネスマンの話はひょっとしたらピンとこないかもしれません。

　でもワインにはまるビジネスマンはなにも仕事に貪欲な猛烈ビジネスマンばかりとは限りません。仕事はできるが、同時にプライベートも大切にして好きなことを存分に楽しみたい。そんないわゆる「ワークライフバランス」を大切にするビジネスマンの中にもワインにはまっている人は大勢いるのです。

　それを絵に描いたような人物が、本田直之さんです。レバレッジコンサルティング株式会社代表取締役社長兼CEOという肩書を持っていますが、むしろビジネス書のベストセラー作家として有名です。この本を手に取った人の中にも、本田さんの著作を読んだ人はたくさんいるのではないでしょうか。

　本田さんの生き方はとてもユニークです。最近出版した『ノマドライフ』（朝日新聞出版）にも書いていますが、一年の半分以上をハワイで過ごし、残りを日本や諸外国で過ごすという生活です。日本やアメリカのベンチャー企業への投資事業や日本での大学講師の仕事などをこなしつつ、世界各地で開かれるトライアスロンのレースに出場したり地元ハワイでサーフィンに興じたりするなど、想像するだけでも楽しそうな生活です。そんな生活をしてみたいと羨ましく思う人も多いでしょう。本田さん自身はそうした自身のライフスタイルを、仕事と遊びの垣根のない「ノマドライフ」と呼んでいますが、私はこれもワークライフバランスの一形態ではないかと思っています。

本田さんのような生き方は簡単に真似のできるものではありませんが、自分のスタイルを守りながら本当にやりたい仕事だけをやりハッピーに生きるという生き方は、まさに最近増えつつあるワークライフバランスを重視する若いビジネスマンの見本ではないでしょうか。

その本田さんもワインが大好きです。私が本田さんと親しくなったのも、あるワインイベントで偶然一緒になり、ワインの話で盛り上がったのがきっかけでした。本田さんは日本ソムリエ協会認定のワインアドバイザーの資格も持っていますが、資格を取った目的のひとつは人脈を広げるためだったと言い、その効果をこう語ってくれました。

「ワイン人脈が広がったことでさらにワインに詳しくなり、役員をしている会社の経営にもプラスになったし、個人的にもワイン関係の仕事が増えました」

つまりワインのお蔭で仕事もプライベートもさらに充実したというわけです。

「人生は楽しく」の理想的組み合わせ

もう1人私の知り合いで、ワークライフバランス派でかつワインにはまっているビジネスマンがいます。株式会社グローバルマーケティングを経営する田中孝明さんです。田中さんはもともと日産自動車のサラリーマンでした。入社して間もなく海外店舗立ち上げのためのシステム作りの仕事にかかわるようになり、ヨーロッパに転勤。そこでメルセデス・ベンツにスカウトされて転職しました。33歳のときです。ベンツでは同社の日本での店舗立ち上げにかかわった後にマーケティングを担当。2004年、ひと区切りついたとして、自分で描いていたキャリアの青写真通りに独立し、現在の会社を立ち上げました。

田中さんがワインにはまったのは、やはりヨーロッパ生活がきっかけでした。ドイツ人はビールというイメージもありますが、田中さんによると、「ドイツやベルギーの会社では役員用の社員食堂にワインが置いてあり、昼間からワインを飲んでいます」というほどやはりビジネスマンはワイン好きだそうです。

ワインに目覚めたころのこんなエピソードも笑いながら教えてくれました。「膨大なワインコレクションを持っているドイツ人の友人がいて、その友人の家でワインパーティーをしたときです。若いヴィンテージのボルドーワインを持って行ったら、ボルドーワインはもっと寝かせないと（熟成させないと）だめだ、と怒られました」。ドイツ人の生真面目な国民性がよくわかる話です。

サラリーマン時代からワインを集め始め、現在はフランスのブルゴーニュワインを中心に約1000本のコレクションを持つ田中さん。ワインについては「人生を楽しむための大切な嗜好品」と述べる一方、仕事に関しては「ストレスをためたくないので嫌いな仕事はやらない。逆に好きな仕事は忙しくても苦にならない。今の仕事も趣味のようにやっています」と語ります。

本田さんや田中さんのようなワイン好きのワークライフバランス派は日本でも今後、ますます増えていくのではないでしょうか。ワインはもともと「人生は楽しく」がモットーみたいなラテン民族のお酒です。ワインとワークライフバランスは理想の組み合わせなのです。

ついでですが、ワインも人生同様バランスが大切な要素です。実際、美味しいワインを褒めるときの表現に「バランスのとれた」というのがあります。この場合のバランスとは、原料のブドウに由来する甘味と酸味のバランスを指します。甘味が強すぎて酸味を感じないワインは、ワインとしては美味しいとは言えません。逆に甘味が弱く酸味ばかりが目立つワインもだめです。甘味と酸味のバランスがとれて初めて美味しいと感じるのです。仕事一辺倒の生活は、バランスを欠いたワインと同じで味気ないものです。

成功の「証」ではなく成功の「原因」

「ワインは贅沢な趣味」「ワインは金持ちの道楽」。ワインにはこんなイメージが付いて回ります。たしかに何度も触れたようにワインを趣味とするにはお金がかかります。本当に美味しいと言われるワインは小売店でも数千円はするでしょうし、レストランで注文すれば一万円以上、場合によっては数万円することもあります。コレクションしようとすればワインを保存するためのワインセラーが必要になります。ワインセラーもけっして安くはありませんし、第一、大きいものは冷蔵庫並みの大きさになるので非常に場所を取ります。スタートトゥデイの前澤さんのように自宅にオーダーメイドのカーヴを作るとなれば、一般の人が簡単に真似のできることではありません。

しかし、この本の中で紹介するできるビジネスマンがワインにはまる理由は、けっして道楽、あるいは贅沢な趣味というだけではありません。逆にワインの趣味が彼らのビジネスの成功を助けたという面も大いにあるのです。つまり、できるビジネスマンにとってワインは成功の証ではなく、成功の原因なのです。

たとえば、元ソニーの出井さんやGMOインターネットの熊谷さんの例に見るように、ワインはビジネスにおける飲みニケーションの強力なツールです。さらに言えば、出井さんはもともとソニーのサラリーマンです。20代でフランスに駐在したことがワインにはまったきっかけでしたが、当時は一サラリーマンですので、高級ワインを買い集めたり飽きるほど飲んだりというようなことができたはずはありません。それでもワインへの造詣を深め、それが後にビジネスでも役に立ったのです。楽天の三木谷さんにしても、ワインにはまるきっかけとなったハーバード大学への留学は、日本の銀行に勤めていたときの話です。銀行員ですから平均的なサラリーマンよりは多少はよい給料をもらっていたかもしれませんが、とても道楽で高価なワインを飲むようなことはできなかったと思います。つまり、出井さんにしても三木谷さんにしても、「ワインにはまった」と「ビジネスで成功した」という2枚のカードを順番に並べるなら、少なくとも順序としては「ビジネスで成功した」↓「ワインにはまった」ではなく、「ワインにはまった」↓「ビジネスで成功した」になるのです。

また、ワインにはまるメンタリティにはビジネスで成功を追求するメンタリティと非常に近いものがあります。だからこそできるビジネスマンはワインにはまるのです。その好例がスタートトゥデイの前澤さんやカプコンの辻本さんと言えるでしょう。

できるビジネスマンがワインにはまる理由は他にもいろいろありますが、それらは後の章で追い追い明らかにすることにし、ここでは最後にもうひとつだけ、ワインがいかにビジネスに役立つかを示すエピソードを紹介しましょう。

サイバーエージェント社長の藤田さんは、『憂鬱でなければ、仕事じゃない』（見城徹、藤田晋著、講談社）の中でこうつづっています。

先日、ワイン好きの社員を招待して、僕の家にあるワインをみんなで飲んだ。何本か開けましたが、DRCをふるまった時、みんな口々に、「明日からまた、仕事を頑張ります」と、言い始めたのです。

もちろん僕はそのようなことを考えて、ワインをふるまったわけではありませんでした。

ワインには、仕事への意欲を高めさせる何かがあるのかもしれません。

ちなみにDRCとは、フランス・ブルゴーニュのワイナリー「ドメーヌ・ド・ラ・ロマネ・コンティ」の略称です。「ロマネ・コンティ」という名前は、ワインを知らない人でも一度ぐらいは聞いたことがあるでしょう。ピノ・ノワールというブドウの種類から造るブルゴーニュが誇る世界最高峰の赤ワインです。その「ロマネ・コンティ」を造っているワイナリーがDRCです。DRCは「ロマネ・コンティ」以外にも何種類かのワインを造っていますが、いずれも高値で取引されています。藤田さんはDRCとしか述べていないので、ふるまったのが「ロマネ・コンティ」なのか別のワインなのかはここではわかりませんが、いずれにせよ大変美味しいワインだったことには間違いありません。

社員がやる気を出して仕事を頑張ってくれれば、社長にとってはこの上なくうれしいことでしょう。高級ワインとはいえ、DRC数本で社員の士気が上がり会社の業績が伸びるのなら社長にとっては安いものです。

第1章では、ワインにはまったビジネスマンたちを紹介し、ワインとビジネスの「シナジー効果」を説明してきました。第2章では、ビジネスマンがはまるワインの魅力についてさらにお話しします。

第2章 究めずにはいられないワインの魔力

致命的な欠陥商品だからこそ魅力的

某大手IT機器メーカーの社長とゴルフをしたときのことです。私の愛車で送り迎えしたのですが、車に乗り込むなり「これで高速代払ってください」と言って自分のETCカードを差し出すのです。私も最初は丁重に断りましたが、どうしてもというので有り難く使わせていただくことにしました。できる経営者というのはどんな相手にも気配りや気遣いを欠かさないものです。一方、ゴルフのプレー中は周りを仕切る素振りを見せるなど、大組織のトップらしい一面ものぞかせます。できるビジネスマンと一緒にラウンドするのは楽しく勉強にもなります。

その社長と帰りの車中でしばしワイン談義になりました。社長、真面目な顔していわく、「ワインってやたらと知識をひけらかすやつがいるじゃないですか。そういうやつにはこう言い返してやることにしているんですよ。なんでワインはできた年によって味が違うんだ。年によって味が違うのは品質が一定していないのと一緒だから、欠陥商品じゃないか、と」

聞けば社長もワインに詳しい（そして知識をひけらかさない）部下とときどきワインを

楽しんでいるということでした。ですからこの発言は冗談半分だとすぐにわかったのですが、それにしても実際にモノづくりにかかわる企業の社長の言うことは面白いなあと感心しました。

たしかにワインは同じブランド（銘柄）でも造られた年、つまり製造年によって香りや味わいがずいぶんと異なります。わざわざボトルに2005年とか2010年とかヴィンテージが記載されているのはそのためです。ある年のワインのほうが別の年のワインより美味しく感じることもあれば、逆に不味く感じることもあります。ですから同じブランドでも製造年によって値段が違ってくるのです。私も社長の「欠陥商品」発言を聞くまでは、ヴィンテージが違えば味が違うのは当たり前と何の疑問も抱きませんでしたが、よくよく考えればたしかに変です。

同じ醸造酒のビールや日本酒と比べてみればよくわかります。ビールの味が、製造時期や製造年によって違うというような話は聞いたことがありません。私は、ビールはサントリーの「ザ・プレミアム・モルツ」を近所のスーパーでよく買うのですが、いつ買っても同じ味です。もちろん値段も同じです。だからこそ毎回、安心して買えるのです。仮に、ある日飲んだ「ザ・プレミアム・モルツ」の味がそれ以前に飲んだ「ザ・プレミアム・モルツ」の味とまったく違っていたら、びっくりします。何か異物でも混入しているのかと不安になり、サントリーの「お客様センター」に電話してしまうかもしれません。日本酒は、厳密には年による味の違いがありますが、ワインほど明確な差はつきません。ですから消費者は安心して同じブランドを買えるのです。つまり、ＩＴ機器メーカー社長の言った通り、製造年によって味の違うワインというお酒は、世の中の常識に照らせばとんでもない欠陥商品なのです。

ところがこの品質のばらつきこそがワインの最大の魅力でもあるのです。たとえば、あるワイン愛好家がボルドーの高級赤ワイン「シャトー・ラグランジュ」の異なるヴィンテージのものを何本か順に飲んだとします。ヴィンテージが違うので当然、味が違います。はたしてその愛好家は「シャトー・ラグランジュ」のオーナーであるサントリーに「味が違う」と文句を言うでしょうか。まずありません。むしろ味わいの違いを堪能でき幸せな気分に浸ることでしょう。

品質のばらつきという商品としてみれば致命的な欠陥が逆に魅力になる。これだけ見てもワインとは実に不思議なお酒です。そしてこうしたワインの持つ数々の不思議な魅力こそがワインが人々を魅了してやまない理由なのです。

ブラインドテイスティングは当たらないのが当たり前

レストランなどで客にワインをサーブするソムリエ。ワインのプロです。ソムリエの中にはワインを極めるため、海外で武者修行したりワイナリーに弟子入りしてブドウ作りから勉強したりする人も少なくありません。私もワインを飲むようになってからソムリエの知り合いが増えましたが、周りから優秀と言われるソムリエほど、努力家で研究熱心で人間的な魅力にもあふれています。

そのソムリエの日本一を決める「全日本最優秀ソムリエコンクール」というイベントが、日本ソムリエ協会の主催で3年ごとに開かれます。決勝戦は公開なので私は一度見に行ったことがあります。決勝当日は、全国各地の予選を勝ち抜いた優秀なソムリエが順番に檀上に立ち、何種類かのワインをブラインドテイスティング（ブランドが伏せられたワインの香りや味わいを表現し、品種や産地、ヴィンテージを言い当てること）したり、サービスの実技を行ったりして、ソムリエとしての腕を競います。

私は日本を代表するソムリエたちのブラインドテイスティングを生で見て、非常にびっくりしました。何がびっくりしたかというと、みな、ほとんど当たらないのです。

ブラインドテイスティングではまず香りや味わいを表現します。次にそのワインに使われているブドウ品種、産地、ヴィンテージを答えるという段取りです。香りや味わいの表現というのはあくまで主観の問題です。たとえるなら読書感想文を書くようなもので、出した答えが絶対に正しいとか絶対に間違っているということはありません。なんとなくでよいのです。しかしブドウ品種や産地、ヴィンテージはそういうわけにはいきません。答えはひとつ。○か×かです。

驚いたことに、決勝を戦った5人のソムリエが出した答えはまったくバラバラだったのです。その段階で早くも誰かが間違っていることがわかります。そして全員が答えた後に正しい答えが発表されたのですが、全問正解者はゼロ。それどころか正答率はみな半分以下、いや30%ぐらいだったかもしれません。そのあたりの記憶は定かでないのですが、とにかく「あれっ、全然当たらないじゃないか」とショックにも近い驚きを感じたことだけは今でもはっきりと覚えています。

私はそのときまで、ソムリエというのはワイングラスに鼻を近づけて香りを嗅ぎ、ワインをひと口含んだだけで、「これはボルドーのシャトー・ムートン・ロートシルト、2000年です」などと完璧に言い当ててしまう人たちだと思っていました。ソムリエでなくても、ワインの資格を持っているワインに詳しい人ならみな、それに近い芸当ができるのだろうとも思っていました。しかしそれは大間違いでした。日本でトップを争うソムリエの鼻をもってしても、ヴィンテージや産地はおろか、簡単と思われるブドウ品種すらわからないのです。私はどうやらワイン漫画の読みすぎ、自称ワイン通の芸能人が登場するやらせテレビ番組の見すぎだったのです。

その後、私自身もワインの経験や知識を積み、今は「ブラインドテイスティングは当たらないのが当たり前」と断言できます。世界の名だたるワインに勝手に100点満点で点数をつけ、高級ワイン相場を動かす影響力を持ち、世界一のワイン評論家の名をほしいままにする、人呼んで「ワインの帝王」ロバート・パーカー氏も、ブラインドテイスティングをやれば外すのです。かく言う私も、シニアワインエキスパートの試験で課せられたブラインドテイスティングでは外しまくりました。今振り返れば、あれでよく合格したものだと不思議でなりません。

ワインの種類はカクテルより多彩

ブラインドテイスティングの話をしたのは、ワインがいかに奥が深いかということを言いたかったからです。奥が深いゆえに未知でミステリアスな部分が多い。先ほども述べたように、これがワインの大きな魅力なのです。では具体的に何が奥深いのでしょうか。

まず、種類の多さです。色だけでも赤、白、ロゼと3種類。辛口、甘口、中辛などの分け方もあります。加えて、シャンパンに代表されるスパークリングワイン（発泡性ワイン）、非常に甘口で食後のデザートとよく合うデザートワイン、シェリーやポートワインなどアルコール度数の高い酒精強化ワインなどもあります。それぞれのカテゴリー内でまた、いろいろなタイプのワインに枝分かれします。

原料となるブドウの品種も、赤ワイン用の主なブドウだけでも、カベルネ・ソーヴィニヨン、メルロー、ピノ・ノワール、シラー、グルナッシュ、ザンジョベーゼ……。きりがありません。各国固有の土着品種も数えきれないほどあります。品種が違えば、できたワインの香りや味わいは全然違ってきます。この点が穀物を原料とするお酒とは大きく異なる点です。

産地もヨーロッパ、南北アメリカ、アジア、オセアニア、アフリカと、世界中に広がっています。地球上でワインを造っていない大陸は南極大陸だけです。同じブドウ品種でも、生育場所が異なればできたワインの風味が違ってきます。気候や土壌が違うからです。たとえば白ワインの代表品種であるシャルドネから造られるワインは、気温が高く果実がよく熟すアメリカのカリフォルニア州などでは果実味の濃厚なワインができますが、フランスの冷涼な地域で造られるシャルドネは酸味のしっかりしたワインになります。

同じ品種、同じ産地でも、ワインメーカーがどんなスタイルのワインを目指すかによって味わいが変わってきます。ヴィンテージもまた味わいに影響します。

ワインの風味が気候や天気、土壌の影響を受けやすいのは、ワインは基本的に収穫したブドウを潰し酵母の力を利用して発酵させるだけで造られるからです。水など他の原料は一切加えません。ですからブドウの熟し具合やブドウが地中から吸い上げたミネラルなどの特徴がそのままワインに移るのです。

さらにワインは熟成による変化があります。瓶詰めされ出荷された後も、ボトルの中でゆっくりと変化し続けるのです。とりわけ高級なボルドーワインのようなワインは、瓶詰めして間もないものと数十年を経たものではまったく別の飲物です。フランスには「ワインと女性は年を重ねるほど魅力が増す」ということわざがあるほどです。熟成の化学的なメカニズムは実はまだ完全には解明されていません。それも逆にワインのミステリアスな魅力のひとつになっているのです。

そんなこと言ったって他のお酒だってたくさん種類はあるじゃないかという反論も出るかもしれません。しかし、やはりワインの種類の多さには到底及びません。東京・銀座の高級フレンチレストラン「レカン」のシェフソムリエ（チーフソムリエ）、大越基裕さんは「ワインは味覚の玉手箱」と表現します。大越さんはソムリエになる前は、4年間バーテンダーをしていました。日本酒から焼酎、ウイスキー、リキュールまで世界中のさまざまなお酒に精通し、実際にいろいろなお酒を使い数限りない種類のカクテルを作った経験があるのです。その大越さんですら「カクテルも種類は多いですが、ワインにはかないません」とはっきり言います。

これでわかったということがない世界

実際どれぐらい種類が多いのか、日本ソムリエ協会の資格試験用教本（2008年版）からいくつかデータを拾ってみましょう。

まずブドウ品種について言えば、実際にワインを造る目的で栽培されている品種は現在、主要品種だけで約100種類です。あくまで主要品種だけですので、ある国のある地方で少量生産されているものなども含めれば数は大幅に増えます。たとえばイタリアにはイタリア政府が公認し、ヨーロッパ連合（EU）が承認しているワイン用ブドウが約400種類もあります。

ヨーロッパの主要国で造られたワインは、ブドウがどの地方や村、地区で栽培されたものなのかボトルに表示してあります。いわゆる原産地表示規制です。先ほども述べたようにワインの香りや味わいは土壌や気候の影響を大きく受けるので、原産地の数だけ味わいの違いがあるとも言えます。フランスには公認された原産地（AOC）の数が約400もあります。原産地が同じでも造り手やヴィンテージが違えば異なる味わいになるので、ワインの種類は400×αと倍々ゲームのように増えます。

ワイン産地は、今やヨーロッパだけでなくニューワールドと呼ばれるアメリカやチリ、オーストラリア、南アフリカなどにも、どんどん広がっています。最近はこれまでワインとは縁遠かった日本や中国、インドといったアジアの国々でも主要品種を使った本格的なワインが造られ始めています。ワインの種類はますます増えているのです。カプコンの辻本さんの言葉を借りれば「多すぎてわけのわからない世界」です。

しかし、このわけのわからなさがまた、他のお酒にはないワインの魅力なのです。元ソニーCEOの出井さんにインタビューしたとき、出井さんにとってワインとは何かと尋ねました。するとこんな答えが返ってきました。

「見果てぬ夢みたいなものですね。ワインは奥が深いので、これでわかったということがない。新しいワインに出会うたび世界は広いなと感じます」

おそらくこれはワイン好きのビジネスマンの多くが抱いている気持ちだと思います。わからない、だからはまる。ワインはできるビジネスマンの知的好奇心や未知のものに対するチャレンジ精神を刺激するお酒なのです。

できる人はブルゴーニュ好き

ワイン好きのビジネスマンに好きなワインは何かと質問すると、驚くことに、実に多くの人が「ブルゴーニュ」と答えます。私の感覚では、少なくとも半分以上、もしかしたら80%ぐらいの人がブルゴーニュワインと答えているのではないかと思います。

ブルゴーニュはスイスとの国境に近いフランス東部に位置し、ボルドーと並ぶ高級フランスワインの産地です。ブドウ畑は南北に細長く広がり、その中心地はコート・ドール(黄金の丘)と呼ばれています。私も何年か前に観光でコート・ドールに行ったことがありますが、その田園風景は息を飲む美しさでした。訪れたのは十月初旬。ブドウの収穫はすでに終わっていましたが、小高い丘を埋め尽くしたブドウの木の色づいた葉が、冷たく澄み切った空気の中、柔らかな陽射しを浴びて見事なまでにキラキラと黄金に輝き、文字通り黄金の丘と化していたのです。まさに絵画のようでした。

ブルゴーニュで造られるワインは基本的に、ピノ・ノワールという黒ブドウ種から造られる赤ワインと、シャルドネという白ブドウ種から造られる白ワインです。白ワインも、フランスの文豪アレクサンドル・デュマが「脱帽し、ひざまずいて飲むべし」と讃えた「モンラッシェ」をはじめ世界的に有名なワインが数多くありますが、ブルゴーニュワインにはまる人は普通、赤ワインにはまります。

たとえばスタートトゥデイの前澤さんもブルゴーニュワインの大ファンです。自宅の地下にカーヴを作ってしまうほどの熱心なワインの収集家になったのも、そもそもブルゴーニュの赤ワインの最高峰「ロマネ・コンティ」を飲んで感動したのがきっかけでした。それ以降ブルゴーニュワインの虜となり、ボルドーワインやイタリアワイン、カリフォルニアワインなどもたしなむものの、圧倒的に飲む量が多いのはブルゴーニュワインだそうです。

ＧＭＯインターネットの熊谷さんもブルゴーニュワインに目がありません。熊谷さんはブルゴーニュワインにはまったきっかけをこう話してくれました。

「今から20年ぐらい前でしょうか。ある店でDRCを飲ませていただき、よく覚えていませんが、ラ・ターシュかリシュブールだったと思います。衝撃でした。それまでワインは味だと思っていましたが、香りがすごかった。以来、ブルゴーニュ一直線です」

DRCは、前の章でも触れましたが、「ロマネ・コンティ」を造っているワイナリー「ドメーヌ・ド・ラ・ロマネ・コンティ」の略称です。DRCは「ロマネ・コンティ」以外にも優れたワインを造っていますが、その中に「ラ・ターシュ」や「リシュブール」があります。「ラ・ターシュ」は、「ロマネ・コンティ」より高く評価するワイン愛好家もいるほどです。また「リシュブール」はしばしば「百の花の香りを集めたような」と形容される豊かな香りを放つワインです。

東京にはブルゴーニュワインだけを出すワインバーもあります。熱心なブルゴーニュファンが夜な夜な集い、通常より大きくて丸い形をしたブルゴーニュワイン専用のグラスを傾けながらブルゴーニュワインについて語り合っています。それぐらい、ブルゴーニュワインにはまる人は多いのです。

知的好奇心とチャレンジ精神を刺激する複雑さ

なぜできるビジネスマンはブルゴーニュワインを好むのでしょうか。もちろん一番の理由は美味しいからです。しかしそれだけではありません。そもそも美味しいか不味いかは人の好みです。世の中にはボルドーワインやカリフォルニアワインなどブルゴーニュ以外のワインを好む人もたくさんいます。

では今一度、なぜブルゴーニュワインなのでしょうか。やはりブルゴーニュ党のレバレッジコンサルティングの本田さんの答えはこうです。

「経営者ってみな知識欲が強い。好奇心も強くないとビジネスでは成功しない。だからわかりにくく奥が深いブルゴーニュにはまるのだと思います」

ワインはビジネスマンの知的好奇心や未知のものに対するチャレンジ精神を刺激するお酒と前に書きましたが、その究極がブルゴーニュワインなのです。ブルゴーニュワインを目の前にすると、できるビジネスマンの本能が呼び覚まされるというわけです。

具体的にブルゴーニュワインの何がわかりにくく、奥深いのか、順に説明していきましょう。

ワイン造りで最も大切なのは畑です。ワインはブドウ以外の原料を使わないので、個々のワインの個性や出来、不出来は、ブドウやそのブドウが育った畑の土壌に大きく左右されるためです。

カプコンの辻本さんの話を思い出してみてください。辻本さんは、アメリカのナパ・ヴァレーに開いたワイナリーで、ようやく記念すべき最初のブドウを収穫する段階になって、自ら雇った専門家のアドバイスを受け、14万本ものブドウの木をすべて引き抜き、畑をゼロから作り直したのです。ワインにとって畑はそれぐらい重要なのです。

畑がワインにとっていかに重要かが最もよくわかるのがブルゴーニュワインなのです。それを説明するために再び「ロマネ・コンティ」の話をしましょう。

「ロマネ・コンティ」は「ドメーヌ・ド・ラ・ロマネ・コンティ（DRC）」という名前のワイナリーで造られるワインであると説明しましたが、「ロマネ・コンティ」は商品名であると同時に畑の名前でもあるのです。「ラ・ターシュ」や「リシュブール」も同じく、商品名であると同時に畑の名前です。ブルゴーニュワインにはこのように、畑の名前をそのままワインの名前にしているワインが昔からたくさんあります。畑の名前をボトルに銘記しているワインはブルゴーニュ以外にもありますが、畑の名前が強力なブランド力を発揮するのはブルゴーニュぐらいでしょう。

ブルゴーニュのブドウ畑の多くは丘の斜面にあります。斜面といっても、東向きだったり南向きだったり、傾斜の角度が違ったりと、さまざまです。向きが違えばブドウの生育に必要な陽の当たり方も違ってきます。さらには同じ斜面上の畑でも、丘の上のほうにあるか下のほうにあるかで土壌の質や水はけの度合い、日照時間、風通しの良さ、温度などさまざまな違いがでてきます。畑の場所がちょっと違うだけで自然条件が大きく変わり、その畑のブドウから造られるワインの個性も違ってくるのです。

畑によってワインの個性が違ってくるということは、逆に言えば、ブルゴーニュワインを究めようとすれば畑の名前を覚え、それぞれの畑の特徴を知らなくてはなりません。ところが、ブルゴーニュにはとくに美味しいワインができる畑として一般の畑とは区別されている銘醸畑が約600もあるのです。そうした畑は「グラン・クリュ（特級畑）」や「プルミエ・クリュ（一級畑）」と呼ばれています。「ロマネ・コンティ」や「ラ・ターシュ」「リシュブール」はいずれもグラン・クリュです。畑の名前など知らなくてもワインを楽しむことはできますが、好奇心や探究心、知識欲の旺盛なできるビジネスマンはそれでは物足りないのです。

同じブランドでも味がまったく違う

ブルゴーニュワインは銘醸畑の多さだけでも愛好家の好奇心を刺激するのに十分なのですが、そこに「生産者」という変数が加わることで一段と奥深さを増します。

美味しいワインを造るためには畑が大切だと述べましたが、ワイン造りには人の力も欠かせません。畑を耕し良好な状態に管理するのは人です。ブドウを発酵させ、できたワインを上手に熟成させるのも人の手によるものです。つまり生産者の腕もまた、ワインの個性や出来、不出来を左右する重要な要素なのです。

ブルゴーニュワインは畑の名前が強力なブランド力を発揮すると述べましたが、実はブルゴーニュの畑というのは通常、複数のオーナーによって分割所有されています。これも他のワイン産地と大きく異なる点です。これには歴史が深くかかわっています。ごく簡単に説明しましょう。

中世のブルゴーニュでは、ワイン造りはもっぱら広大な土地を所有する教会や貴族が手掛けていましたが、フランス革命が起きると、教会や貴族の土地は国によって没収され競売にかけられました。これをきっかけに、もともと1人の所有者のものだったブドウ畑は徐々に分割され、複数の生産者が同じ畑の中の異なる区画をそれぞれ所有するという形態になっていったのです。生産者は違っても畑は同じなので、その畑でとれたブドウから造ったワインはすべてその畑の名前、つまり同一のブランドを名乗れるのです。しかし、同じ畑のブドウから造られたワインでも、生産者が違えばワインの個性に違いが表れます。美味い、不味いの差も出てきます。つまり、同じブランドなのに中身が違う。これがブルゴーニュワインなのです。

端的な例がグラン・クリュの「クロ・ド・ヴージョ」です。面積約50ヘクタールとグラン・クリュの中では最大級の「クロ・ド・ヴージョ」は、80人前後の生産者が分割所有しています。これだけ生産者の数が多いと、中には雑なブドウの育て方をする生産者もいて、その生産者の造る「クロ・ド・ヴージョ」は他の生産者の造る「クロ・ド・ヴージョ」よりも評価が落ちます。

著名なイギリス人ワイン評論家のヒュー・ジョンソン氏も著書『ワイン物語』の中で、「クロ・ド・ヴージョというブドウ畑の名は、そのワインをつくった製造者の名がなければ意味をなさない」と指摘しています。本当に美味しい「クロ・ド・ヴージョ」を飲みたければ、生産者の名前を覚えなくてはならないのです。

これを「クロ・ド・ヴージョはクロ・ド・ヴージョ。生産者の違いぐらいは気にしない」と考える人もいるでしょう。でも、できるビジネスマンならその違いをきっと面白がるはずです。ビジネスでは小さな違いが結果を大きく左右するからです。

たとえば、楽天の三木谷さんは著書『成功の法則92ヶ条』で、「優秀な社員とそうでない社員との差は、冷静に分析してみると、ごく僅かなものでしかない。けれど、そのごく僅かの差が、どういうわけか天と地ほども大きな差になってしまう」と語っています。サイバーエージェントの藤田さんも、「何かしてもらった時、ひと言お礼を言うことも些細なようですが大事です」(『憂鬱でなければ、仕事じゃない』)と述べ、ビジネスマンとして成功するためには日頃の小さなことへのこだわりが大切だと説いています。

できるビジネスマンがブルゴーニュワインにはまるのは、こうした小さな違いにこだわるマインドを持っているからではないでしょうか。

会社勤めのワイン好きはいくらのワインを買っているか

ワインってなんでこんなに値段が高いのだろうとか、同じワインのはずなのになんでこんなに値段が違うのだろうと思ったことはありませんか。私はいつも思っています。ワインショップで有名な造り手のワインを見つけたりすると思わず棚のボトルに手が伸びてしまうのですが、値札を見てため息を吐きながら伸ばした手を引っ込めるなんてことは、しょっちゅうです。

最近は円高やデフレの影響、さらには市場のすそ野を広げたい売り手側の思惑などで、1本1000円や500円を切るような安いワインもたくさん出回っています。販売量が一番伸びているのもこの価格帯です。データを見てみましょう。

業界誌『WANDS』の推計によれば、2011年の1年間に主要生産国からの輸入ワインの中で最もよく売れた価格帯は500円以上1000円未満で、家庭用市場全体の半分強を占めました。次に多かったのは1000円以上1500円未満の価格帯で同24%でした。1500円を超えると販売量が急減しています。つまり非常に多くの消費者が1本1500円を超えるワインは高すぎると感じているわけです。

しかしこれはあくまで消費者全体を見たデータです。億万長者番付に載るような大金持ちなら、1本10000円するワインでも平気で買うでしょう。また同じぐらいの年収の人でも、ワインにはまっている人にとっては1本3000円のワインは安く感じられるかもしれませんが、ワインにあまり関心のない人にとっては1本3000円のワインは非常に高いと感じられるに違いありません。

ではワイン好きのビジネスマンにとって手頃なワインの値段とは、どれくらいなのでしょうか。

イギリスの老舗ワイン商、BB&R日本支店のマネージング・ディレクター清水勇人さんは、「会社勤めのビジネスマンが最もよく購入する価格帯は2000円台から3000円台です」と証言します。BB&Rはイギリス王室御用達の名門で高級ワインも数多く扱っていますが、日本での一般的な知名度はほとんどありません。ということは、BB&Rを利用している日本人は相当なワイン好きと言えます。つまりワイン好きのビジネスマンにとっての手頃なワインの値段は、1本2000から4000円の間ということになります。

96億円のムンク「叫び」と1000万円の「ロマネ・コンティ」

「ワインは飲むアート（芸術作品）」

こんなことを言うからワイン好きは鼻持ちならない。今こう思っている人もいるのではないでしょうか。私も正直こんなワイン業界の広告コピーのようなことは言いたくありません。しかしワインが高い理由を取材したり、実際にいろいろなワインを飲んでみたりすると、こういう結論に達せざるを得ないのです。

この本を書いている最中に景気のよいニュースが飛び込んできました。ニューヨークでのサザビーズのオークション（競売）で、ノルウェーの画家ムンクの代表作「叫び」が、2010年に1億648万ドルで落札されたピカソの「ヌード、観葉植物と胸像」を抜き、競売で売られた美術品としては過去最高額となる1億1992万ドルで落札されたというのです。1ドル80円で計算すれば約96億円です。

およそ芸術を愛《め》でる素養のない私などは、テレビ画面に大写しにされた「叫び」を眺めながら、なんでこんなヘタウマ系の絵が100億円もするのかとか、これくらい自分でも描けそうだとか、世の中には腐るほどカネを持っている人もいるのだなとか、ブツブツ独り言を言っていました。

しかし考えてみればワインだって同じようなものです。2011年5月、スイスのジュネーブで開かれたクリスティーズのオークションでは、1945年の「ロマネ・コンティ」が、ブルゴーニュワインとしては過去最高額となる10万9250スイスフランでアメリカ人のコレクターに落札されたというニュースが日本でも報じられました。当時の為替レートで計算すると日本円で約1000万円です。

いくら「ロマネ・コンティ」とはいえ、たかだかワイン1本に1000万円の値がつくなんて私も腑に落ちないものを感じました。1本1000万円ということはグラス1杯が200万円です。グラス1杯で自動車が1台買えてしまう値段です。ワイン好きの私ですら不合理に感じるぐらいですから、ワインに興味のない人にはまったく理解不能の世界でしょう。

結局、ムンクの「叫び」と「ロマネ・コンティ」のオークションのニュースから言えることは、ワインは絵画などと同じアートだということです。そのよさを理解できない人たちにとっては何の価値もありませんが、理解できる人たちにとっては、いくら払ってでも手に入れたいというほど価値あるものなのです。ワインに、熱心なコレクターがいて、競売の対象にもなり、ときには贋作が出回り、そしてしばしば常識では考えられないような値が付くのが、その証拠です。

もちろん、すべてのワインがアートだとは言いません。単に酔うためのお酒として機械化された工場でコストをかけずに大量生産され、安い値段で売られているワインもたくさんあります。そうしたワインもワインであることに違いはありません。しかし、できるビジネスマンがはまるようなワインはやはり、ボトルの中にアートが広がっているのです。

素晴らしい絵画や彫刻、音楽が鑑賞した人の心を揺さぶるように、素晴らしいワインは飲んだ人を感動させるのです。

カリフォルニアワインの名声を世界に広めた故ロバート・モンダヴィ氏は、ワインメーカーであると同時に優秀なビジネスマンでした。そのモンダヴィ氏はこんな名言を残しています。

「よいワイン（good wine）を造るのは技術（skill）。素晴らしいワイン（fine wine）を造るのは芸術（art）」

奇《く》しくもモンダヴィ氏と同じようなことを言っている日本人のビジネスマンがいます。カリフォルニア州のナパ・ヴァレーで「ケンゾー　エステイト」ワイナリーを経営するカプコンの辻本さんです。私が辻本さんに取材したとき、辻本さんはこう話してくれました。

「ワイン造りに携わっている人たちは、醸造家にしても栽培家にしても、皆クリエーターです。ある程度上のレベルのワインだと特にそうです。農作物を作るというよりは、クリエイティブな仕事をしているという感覚です。こういうレベルのワインになると素人が造ろうとしても造れるものではない。クリエーターに頼らないと素晴らしいワインはできません」

実際に辻本さんは、世界一のワイン造りを目指すため、デイビッド・アブリューとハイディ・バレットという、いずれも数々のカルトワインを手掛けてきた超一流の栽培家、醸造家を雇っています。超一流ですから報酬はけっして安くないはずです。「ケンゾー エステイト」のワインが比較的高価なのは、こうしたコストが含まれているという理由もあるのでしょうが、同時に、造られたワインがひとつのアートとして捉えられているためだとも解釈できます。

できるビジネスマンがワインにはまる理由のひとつは、ワインがそれを理解する人に喜びや感動を与えるアートだからなのです。

アダム・スミスが語る、高いワインが美味しい理由

それでもワインが高い理由を理解しかねるという人のために、「経済学の父」と呼ばれた18世紀のイギリスの経済学者アダム・スミスの話を紹介しましょう。

イギリスは昔からフランスワインの大消費地でしたので、スミスがワインに関心を抱いたことは不思議でも何でもありません。またスミスは仕事でたびたびフランスを訪れていたのでフランスのワイン事情にも精通していました。スミスがワインをどれほど愛飲して

いたかはわかりませんが、少なくとも、一部のワインがその他のワインに比べてなぜ高い値段で取引されるのかということに強い関心を示していました。そして代表作『国富論』の中で、その原因や理由を次のように説明しています（引用は大河内一男監訳、中公文庫『国富論』より）。

葡萄の樹は、他のどんな果樹よりも地味の相違に大きく影響される。ある土地は葡萄に一種の風味をそえる。この風味ばかりは、どんなにうまく栽培しても、またどんなにうまく管理しても、よその土壌ではとうてい生れないものである。この風味は――事実であれ、あるいは気分的なものであれ――、二、三の葡萄園の生産物だけに限られていることがあり（中略）そのため、この葡萄酒は全部、この通常率以上を進んで支払おうとする人々に対してだけ売られる。このことは、必然的にこの葡萄酒の価格を普通の葡萄酒の価格以上に引き上げる結果になる。

スミスはつまり、よいワインは限られた素晴らしい畑から造られ、他のワインにはない素晴らしい風味を持っている、あるいは持っていると思われているため、需要が供給を常に上回って高値になると分析しているのです。さらにスミスはこう続けます。

このような葡萄園は他の大部分の葡萄園よりも念入りに栽培されているものであるが、この葡萄酒の高い価格はこの念入りな栽培の結果というよりも、むしろその原因であると思われるからである。このような高価な生産物となると、不注意から生じる損失は非常に大きいため、最も不注意な人でもいきおい注意を払わざるをえなくなる。

ちょっとわかりにくいですが、要するにスミスはこう言っているのです。高価なワインが美味しいもうひとつの理由は、それだけコストをかけているからではなく、もともと高く売れる（したがって儲けも大きい）のだから丁寧に造ろうという心理が生産者に働くためです、と。

美味しいワインが高いのも「神の見えざる手」のなせる業ということなのでしょうか。

チャーチルはフランスのシャンパンを守るために戦った？

ワインは歴史上の偉人や英雄と呼ばれる人たちをも虜にしてきました。彼らが残したワインにまつわる格言や名言、エピソードは数多くあります。ワインの蘊蓄のひとつと言ってしまえばそれまでですが、見方を変えれば、いつの時代でも、できる人はワインにはまるという証明です。

ワインと言えばフランス。そのフランスの英雄と言えば、真っ先に思い浮かぶのは皇帝ナポレオン1世でしょう。ナポレオンは大のワイン好きでした。しかも好みが非常にうるさく、赤ワインはブルゴーニュの高級赤ワイン「シャンベルタン」しか口にしなかったという言い伝えが残っています。また遠征の際には必ずシャンベルタンを持って行ったとも言われています。「シャンベルタン」が今のように有名になったのは、ナポレオンが贔屓《ひいき》にしたおかげと言えるかもしれません。

破竹の勢いだったナポレオンにドーバー海峡越えを許さなかったイギリス。そのイギリスの英雄と言えば、第2次世界大戦で連合国側を勝利に導いたウィンストン・チャーチル首相です。一般のイギリス人が投票で選んだ「最も偉大なイギリス人100人」(国営放送BBCが2002年に番組として放映)では、ダイアナ元皇太子妃やシェークスピア、ニュートン、エリザベス一世、ジョン・レノンなど並み居るライバルを抑えて堂々の1位に輝きました。

チャーチルも無類のワイン好きでした。中でも大のお気に入りだったのが、シャンパンの「ポル・ロジェ」です。シャンパンもワインの一種です。チャーチルはあまりにも「ポル・ロジェ」にぞっこんだったので、自分のお気に入りの競走馬をポル・ロジェと名付けたというエピソードが残っています。また、こんな演説もしました。

「紳士の諸君、われわれはフランスを守るためだけに戦うのではない。われわれはフランスのシャンパンを守るためにも戦うのだ」

もっとも、チャーチルが「ポル・ロジェ」にほれ込んだのは、その味わいだけでなく、チャーチルにワインを売り込みに行ったオデット・ポル・ロジェ未亡人の魅力にノックアウトされたからという説もあります。

「ポル・ロジェ」を製造するポル・ロジェ社はこんなチャーチルに敬意を表し、チャーチルの死後、その名も「キュヴェ・サー・ウィンストン・チャーチル」というシャンパンを発売しました。大手シャンパン・メーカーは通常、販売戦略の一環として価格帯の異なる複数の銘柄を造っています。「キュヴェ・サー・ウィンストン・チャーチル」は現在、ポル・ロジェ社の最高級銘柄（プレステージ・キュヴェ）になっています。

英雄と呼べるかどうかはさておき、ロシア皇帝アレクサンドル2世もワインに目がありませんでした。とくに好んで飲んだのがルイ・ロデレール社のシャンパンでした。

シャンパンのボトルは通常、底に大きな窪みがあります。中身の炭酸ガスの圧力を分散させ、ボトルが割れないようにするためです。また、シャンパンを含めワインのボトルには色付きのボトルが多くありますが、これは光によってワインが劣化するのを防ぐ役割があります。

アレクサンドル2世はある日、ルイ・ロデレール社に、底が平らで全体が無色透明（クリスタル）のボトルを特注しました。理由は身の安全を守るためです。アレクサンドル2世は暗殺されるのを恐れていました。実際、帝政打倒をかかげる一派による暗殺未遂事件がたびたび起き、最後は爆弾によって暗殺されています。ボトルを透明にすればワインに薬物を混入されても見抜きやすく、窪みをなくせばボトルの底に爆発物を隠すこともできなくなると考えたのです。暗殺に怯えながらもシャンパンを飲み続けたアレクサンドル2世のシャンパン好きはまさに筋金入りです。

そんな経緯で誕生したのが、ルイ・ロデレール社のプレステージ・キュヴェ「クリスタル」です。「クリスタル」はその美味しさに加え、名前の響きも手伝ってか、今では日本でも海外でもセレブ御用達のシャンパンとなっています。

ロシア人と言えばウォッカというイメージがあります。しかしアレクサンドル2世の逸話に象徴されるように、昔から裕福なロシア人はワイン好きでした。ワイン好きのロシア人のおかげで「ルイ・ロデレール」は名声を高め、鮮やかな黄色いラベルが特徴のシャンパン「ヴーヴ・クリコ」も、ロシア市場への売り込みが奏功し、今日の地位を築いたのです。

また20世紀半ば、カリフォルニアワインの品質向上に大きく貢献し、「カリフォルニアワインの父」と呼ばれたワインメーカーの故アンドレ・チェリチェフ氏は、モスクワ生まれのロシア系移民でした。ロシア人とワインはつながりが深いのです。

今では、中国人と同様、市場経済化の恩恵を受けたお金持ちのロシア人ビジネスマンが高級ワインを「大人買い」している、とアメリカ在住の知り合いの日本人ビジネスマンが教えてくれました。

エンゲルスもレーニンも高級ワイン好き

シャンパンの「クリスタル」の話に戻りましょう。『思わず人に話したくなるクイズでワイン通』（葉山考太郎著、講談社）には、「クリスタル」にまつわるエピソードに関し、こんなことが書かれています。

「貧乏労働者の味方レーニンは、大富豪のシンボルであるクリスタルをものすごく好んだらしい」

たしかに「クリスタル」に限らず高価な嗜好品というイメージのあるワインと共産主義者の組み合わせにはとても違和感があります。しかし実際にはワイン好きの共産主義者も大勢いたようです。共産党に大きな期待をかけていた貧しい労働者たちが知ったら、さぞかしがっかりしたに違いありません。

レーニンの後を継いでソビエトの最高指導者に就任したスターリンもワイン好きでした。好んで飲んだのは生まれ故郷グルジアのワインです。黒海に面したグルジアはワイン発祥の地とも言われ、昔からワイン産地として有名です。

第2次大戦の戦後処理を話し合うため1945年2月にソビエト領内で開かれたヤルタ会談では、スターリンがアメリカのルーズベルト大統領とイギリスのチャーチル首相にお気に入りのグルジアワインを振る舞ったと言い伝えられています。

また、カール・マルクスと共に『共産党宣言』を著したフリードリヒ・エンゲルスは大酒飲みで、やはりワインが好きでした。しかもお気に入りはなんと、一般の市民には高嶺の花、ボルドーの5大シャトーのひとつ「シャトー・マルゴー」だったのです。

あるときエンゲルスは「あなたにとって幸せとは？」と聞かれました。すると、こう答えました。「シャトー・マルゴーの1848年」

この短いエピソードは、「シャトー・マルゴー」のホームページにも出ています。エンゲルスは共産主義者でしたが、実業家の父を持ち、自身も実業家として非凡な才能を発揮しました。つまりできるビジネスマンだったのです。

「ロートシルト」はロスチャイルド家のワイン

ワインとビジネスを語るときに外すことのできないのは、大富豪ロスチャイルド家の話でしょう。

何度か触れましたが、フランスのボルドーワインには、5大シャトーと呼ばれる頂点に君臨するワインがあります。それらは「シャトー・ラトゥール」「シャトー・マルゴー」「シャトー・オーブリオン」「シャトー・ラフィット・ロートシルト」「シャトー・ムートン・ロートシルト」の5つです。シャトーとはワイナリーのことですが、ボルドーでは伝統的にワイナリーのことをシャトーと呼びます。また通常、シャトーの名前がそのままワインの名前になっています。

さて、5大シャトーの中にロートシルトという名前の付いたワインが2つあることに気づいたと思いますが、これがロスチャイルド家のワインです。フランスワインなのになぜ日本での表記がフランス語の「ロッチルド」や英語の「ロスチャイルド」でなくドイツ語の「ロートシルト」なのかは不明ですが、とにかく5大シャトーのうち2つを所有するあたりは、さすがロスチャイルド家と言わざるを得ません。

ところが実はボルドーの5大シャトーは、元々は4大シャトーだったのです。なぜ4大シャトーが5大シャトーになったのか。ここにロスチャイルド家が大きくかかわっているのです。

ロスチャイルド家がヨーロッパの金融財閥に成長する基礎を作ったドイツ生まれのマイヤー・アムシェル・ロスチャイルドには、5人の息子がいました。マイヤーはその5人の息子をドイツ、イギリス、フランス、イタリア、オーストリアの各国に散らばせました。兄弟が各国に根を下ろして事業を展開しつつ、国境を越えて互いに協力しながらヨーロッパ全土にロスチャイルド家の商圏を広げる青写真を描いたのです。しかし結局、激しい時代の変化の中で生き残ることができたのは、イギリス分家とフランス分家だけでした。そしてそのイギリス分家が「シャトー・ムートン」を、フランス分家が「シャトー・ラフィット」を相次いで購入したのです。それぞれ1853年、1868年のことでした。

イギリス分家が「ムートン」を購入した2年後の1855年、パリ万博が開かれました。皇帝ナポレオン3世はパリ万博の目玉のひとつとすべく、当時すでに国際的に知名度の高かったボルドーワインを格付けするアイデアを思いついたのです。その結果、ボルドーのメドック地区のシャトーのうちとくに評価の高かった60のシャトー（グラーヴ地区の「オーブリオン」を入れれば61）が、1級から5級まで5階級に振り分けられました。

最も上の1級の地位を与えられたのは先に挙げた5大シャトーのうち、「ムートン」を除く4シャトーでした。「ムートン」は当初、1級ではなく1階級下の2級だったのです。格付けは当時の取引価格を参考に決められましたが、イギリス分家にとってはロスチャイルド家のプライドを傷つけられる結果となりました。ここからイギリス分家の1級昇格に向けた戦いが始まったのです。

とりわけ1級昇格に執念を見せたのは、「ムートン」を買ったナサニエル・ロスチャイルドの曾孫にあたるフィリップ・ド・ロスチャイルド男爵でした。格付けされたシャトーの中には名前の上にあぐらをかいて経営努力を怠るシャトーも目立った中、フィリップ男爵はワインの品質の向上やボルドーワイン全体のイメージアップに力を注ぎました。

たとえば、今でこそシャトーは自分のところで瓶詰めまでして出荷するのが当たり前となっていますが、当時は醸造したワインを樽に入れてワイン商に卸し、ワイン商が瓶詰めして売るのが普通でした。フィリップ男爵はこれでは末端の顧客にワインの品質を保証できないと考え、シャトーが自分のところで瓶詰めまでするいわゆる「シャトー元詰」方式を考案、他のシャトーにも同方式への変更を呼びかけました。その結果、現在のような元詰方式が広まったのです。またフィリップ男爵は、「ムートン」のボトルの絵柄を毎年、世界中の有名な画家に描いてもらうアイデアを思いつきました。この絵を目的にムートンを毎年買っているコレクターも少なくありません。

フィリップ男爵は「ムートン」を1級に格上げするため活発なロビー活動も行いました。そしてついに1973年、1級昇格を果たしたのです。1855年の格付けから150年以上たちますが、この間ムートン以外に昇格したり降格したりしたシャトーはありません。ムートンの昇格は異例中の異例なのです。ちなみに、この記念すべき1973年のボトルの絵を描いたのはパブロ・ピカソでした。

昇格後もフィリップ男爵のワインに対する情熱は冷めませんでした。1980年代には当時アメリカで最も注目されていたワイナリー経営者ロバート・モンダヴィ氏と組んで、ナパ・ヴァレーでワイン造りに乗り出しました。そのワインが今や高級カリフォルニアワインの代名詞ともなっている「オーパス・ワン」です。

一方の「ラフィット」は、1級に格付けされた4シャトーの中では筆頭格の位置づけでしたが、1868年にフランス分家が購入して以降は、経営者が代替わりする中でかなり評判を落とした時期もありました。しかし「銀行業は義務感からやっているがワイン造りは本当に好きでやっている」と公言してはばからなかったエリック・ド・ロスチャイルド男爵が1974年にブドウ畑の管理を引き継いでからは、急速に評判を取り戻しました。

ロスチャイルド家とワインとの関わり合いについて、経済ノンフィクション作家のヨアヒム・クルツ氏は『ロスチャイルド家と最高のワイン』（瀬野文教訳、日本経済新聞出版社）の中でこう述べています。

「この銀行一族がはじめシャトーを手に入れたころは、儲かる投資、社会的ステータスくらいにしか考えていなかっただろう。だがロスチャイルド家の人々は何十年もの月日を過ごすうちに、葡萄栽培にはとりわけふたつのことが必要だということを学んだのであった。それはすなわち、息の長い忍耐と変わらぬ情熱であった」

ロスチャイルドもまた、ワインの魅力に抗《あらが》えず、ワインに深くのめり込んだビジネスマンだったのです。

70歳を過ぎてもギラギラ輝く目の秘密は寝る前の一杯?

元ソニーCEOの出井さんにワインの話を聞きに行ったときのことです。現在は自ら設立した投資会社クオンタムリープの代表取締役ファウンダー&CEOを務める出井さんは、多忙な中、東京駅に近いクオンタムリープのオフィスで取材に応じてくれました。

出井さんに会うのは初めてだったのですが、やや遅れて部屋に入ってきた出井さんと目を合わせた瞬間、この人はなんて力強く、生き生きとした目をしているのだろうと思いました。私も仕事柄いろいろな経営者に会ってきましたが、出井さんほど眼光の鋭い経営者を見た記憶はあまりありません。目は顔の表情、ひいてはその人全体の印象に影響すると言います。出井さんは1937年生まれ。取材したときはすでに73歳でしたが、年齢をまったく感じなかったのはその眼光のせいだったのかもしれません。とにかくギラギラと輝いて、こちらがその奥に吸い込まれそうな、そんな目をしていたのです。

外見だけではありません。仕事でも出井さんは、クオンタムリープを経営するかたわら外資系企業を含むいくつかの企業の社外取締役を務めており、世界中を飛び回る日々です。心も体も若々しく健康でなければできないことです。

そんな出井さんにワインの話をいろいろと聞きながら、私は、出井さんがいつまでもこんなに若々しくいられる原因のひとつは、ひょっとしてワインではないだろうかと考えました。実際、出井さんに日頃のワインの楽しみ方を尋ねると、「家では毎日ワインを飲んでいます。寝る前に飲むのが好きですね」ということでした。昔から適度な量のお酒を毎日飲むことは健康によいと言いますが、出井さんはまさにワインでそれを実践していたのです。

名経営者がワインを好む意外な理由

できるビジネスマンにワインの好きな理由を聞くと、理由のひとつとして「健康によいから」と答える人が少なくありません。GMOインターネットの熊谷さんは、赤ワインを好んで飲む理由を「美味しいし健康にもいい」と言います。カプコンの辻本さんは、少し冗談っぽく「僕はまんじゅうが大好きですが、毎日食べたら体に悪いのではないかという気がしますが、赤ワインだったら毎日飲んでも体に害もなく、健康でいられます」と話してくれました。

ビジネスマンが健康によいからという理由でワインを飲んでいるとは、私にとってはちょっと意外でした。私の頭の中では、できるビジネスマンというのはいつも元気ハツラツで仕事をこなし、病気とは無縁の人というイメージができ上がっていたからです。健康のためにワインを飲むのは、健康オタクか元気に長生きしたいと願う高齢者ぐらいではないかと思っていました。しかしそうした私の考えは間違いだったと、ワイン好きのビジネスマンを取材してわかったのです。

考えてみれば、できるビジネスマンほど健康に気をつけます。心や体の健康を損ねては仕事に全力投球できないからです。私は数年前、アメリカのロサンゼルスに住んでいましたが、競争社会のアメリカのビジネスマンを見ていて気づいたのは、みな健康維持に余念がないということでした。ロサンゼルスのオフィス街にはスポーツジムがあちこちにあるのですが、ジムで一汗かいてから仕事に入るのが多くのビジネスマンたちの日課になっています。

日本でも最近、仕事やキャリアのためにスポーツに打ち込むビジネスマンが増えています。数年前ですが、『仕事ができる人はなぜ筋トレをするのか』（山本ケイイチ著、幻冬舎新書）

という本が出ました。それによれば、「時代を察知する能力の高いビジネスパーソンは、(中略)仕事に取り組むのと同じぐらい熱心に、筋肉を鍛えることに時間とお金を投資している」そうです。

健康に人一倍気を遣うできるビジネスマンが健康のためにワインを飲むというのも、うなずける話です。

あらゆる治療にワインを利用していたヒポクラテス

ワインは本当に健康によいのでしょうか。新聞や雑誌を読んでいると、「ワインは老化防止に役立つ」とか「ワインは動脈硬化を防ぐ効果がある」といった記事を時折、見かけます。しかし世の中は「これを食べればガンは防げる」とか「この食べ物はダイエットに効果がある」といった怪しげな情報や広告があふれています。ですからワインについても、本当に健康によいのだろうかという疑問が当然わいてきます。残念ながら私は医者や科学者ではないので、責任を持って「ワインは健康によい」と断言することはできません。でもことワインに関しては、古代ギリシャの時代から21世紀の現在にいたるまで、健康との関係を指摘する研究や逸話が事欠かないことも事実です。

ヒュー・ジョンソン著の『ワイン物語』によれば、「医学の父」と呼ばれたギリシャのヒポクラテスは、ワインを解熱剤や利尿剤、消毒剤、疲労回復剤としてほとんどあらゆる治療に用いました。そしてこんな具体的な記述を残しています。

「口当たりのよい赤ワインには水分が多く、腹の張りを起こし、大便として排出されるものが多い……。苦い白ワインは喉を渇かさせずに人の体を暖め、大便よりも尿としてよく排出される」

同じくジョンソン氏によれば、ユダヤ教の聖典『タルムード』には、「ワインがなくなれば薬が必要になる」という一節があり、紀元前6世紀のインドの医学書には、ワインは「心と体の活性剤であり、不眠と悲しみと疲労を癒し……食欲と幸福感と消化を促進する」と記されています。飲酒を禁止しているはずのイスラム教の医学者でさえ、「唯一頼りになるワインなしで治療を行なうよりも、アッラーの怒りを受ける覚悟をしようと考えていた」のです。

「グランジ」というワインをご存じでしょうか。オーストラリアが誇る赤ワインの最高峰ブランドです。「グランジ」の製造元ペンフォールド社は、19世紀半ばにイギリスから移住してきたクリストファー・ペンフォールドという若い医者によって設立されました。ペンフォールドがワイン造りを始めたのは、彼の患者にグラス1杯のワインを処方するだけで患者がみるみる元気を回復したという理由からです。

もっとも、ペンフォールドにしろ、それ以前の医者にしろ、ワインがなぜ健康によいのかを科学的に説明できる人はいませんでした。ワインは何千年の長きにわたって人類に愛飲されてきたにもかかわらず、ごく最近まで科学的にはまったく謎の飲物だったのです。ワインの醸造にとって最も重要な発酵の仕組みすらわかっていませんでした。

発酵の仕組みを解明したのは、19世紀のフランスの生化学者、細菌学者で、ロベルト・コッホと並び近代細菌学の開祖と言われるルイ・パスツールです。牛乳などの製造法のひとつ低温殺菌法を発明したのも彼です。そのため低温殺菌法の英語名は彼の名前をとってパスチャライゼーションと言います。そのパスツールはワインについてこんな言葉を残しています。

「ワインは最も健康で最も健康を増進する飲み物である」

ワインはブドウを丸ごと絞った発酵食品

パスツールから時代はさらに下って1991年、世界的な赤ワインブームを引き起こす

「事件」が起きました。アメリカの3大ネットワーク、CBSテレビの人気情報番組で、肉や脂っこい料理をたくさん食べるフランス人に心臓病が少ないのは日頃から赤ワインを飲んでいるためという、いわゆる「フレンチパラドックス」の話が紹介されたのです。赤ワインの色や渋みの元となるポリフェノールという物質が動脈硬化などの予防に効果があるというのが、フレンチパラドックスの主張です。

アメリカではちょうどこの頃、肥満人口が爆発的に増え、肥満が原因の病気で死亡する患者も急増するなど、肥満が大きな社会問題になっていました。アメリカではこのテレビ番組の放映後に赤ワインの売れ行きが急増。その後、日本でも赤ワインが健康によいと喧伝され、赤ワインブームが起きました。

ワインと健康に関しては現在もさまざまな研究が進められています。最近では、赤ワイン用のブドウの皮に含まれるポリフェノールの一種であるレスベラトロールという物質が長寿に関係している可能性があるとの研究結果も相次いで報告されています。いわゆるアンチエイジングの面からもワインに対する注目が高まっているのです。

ワインに限らずお酒は量をわきまえれば健康によいと昔から言われてきました。しかし日本酒や焼酎など他のお酒に関しては、ワインほど健康と結びつけた研究結果や調査報告をあまり耳にしません。理由はよくわかりませんが、ワインに関し事実として言えるのは、ワインはブドウを丸ごと絞って発酵させただけの飲み物だということです。つまり私たちが日頃、健康によいからと食べている果物であり発酵食品なのです。そう考えると、ワインが健康によいとのイメージを持たれたり、あるいは実際に健康によいと言われたりしても不思議でも何でもないことなのです。

科学がさらに進歩すれば、なぜワインが健康によいのか、よりはっきりとした理由が明らかにされることでしょう。自然界のあらゆることについて言えることですが、ワインに関しても、わかっていることよりもわかっていないことのほうがずっと多いのです。しかしそんな難しいことを考えなくても、ワインが何千年もの間、人類に飲まれ続けてきたという事実が、ワインが体によいことを証明しているようなものです。

仕事の疲れを癒すのにぴったりの酒

「ワインは気持ちを和らげ、心に潤いを与えてくれる。そして心配事を静め、休息を与え……われらの喜びを甦らせ、消えゆく命の炎に油を注いでくれるものである」

こう語ったのは古代ギリシャの偉大な哲学者ソクラテスです（引用はヒュー・ジョンソ

ン著『ワイン物語』より）。私たち人類は、昔からワインを健康のためだけでなく心の安らぎのためにも愛飲してきたのです。

18世紀から19世紀にかけて活躍したドイツの偉大な音楽家ベートーベンもワインをこよなく愛した1人でした。そのベートーベンはこんな言葉を残しています。

「グラス1杯のワインは、一日の仕事の疲れを癒してくれる素晴らしい清涼剤である」

現代の忙しいビジネスマンもまた、仕事の疲れをワインで癒しています。GMOインターナショナルの熊谷さんは、「いい音楽を聴いていい友達といいワインを飲んでいるときが、脳にとって最高のリラクゼーションではないでしょうか」と話してくれました。

もちろん癒し効果は日本酒やウイスキーなど他のお酒にもあります。しかしワインほど現代人に合う癒しのお酒は他にはありません。

まず、ワインは繰り返し述べますが種類が豊富です。好みにうるさい現代人でも、自分に合ったワインが選べるのです。同じワインにこだわる人もいるでしょうが、その日の気分によってワインを変えることもできます。

たとえばビールのように炭酸の効果でスカッとした気分を味わいたいと思えば、シャンパンなどスパークリングワインです。最近はスペインやチリなどから輸入される比較的安いスパークリングワインが人気です。もちろんビールと比べれば高価ですが、ちょっと贅沢な気分を味わうことができます。心を癒すにはこのプチ贅沢感が大切なのです。

夏の暑い日なら、キリッと冷えた白ワインも癒しには最適です。とくにソーヴィニヨン・ブランと呼ばれるブドウ品種から造られる白ワインはさわやかなハーブの香りが特徴で、心地よい清涼感が味わえます。レバレッジコンサルティングの本田さんは、ハワイの自宅の冷蔵庫にお気に入りのソーヴィニヨン・ブランがいつも入っていて、一日の疲れを癒すときはそれを開けるそうです。私はこの話を思い出すたびにハワイに住みたくなります。私も仕事で疲れたときはよく白ワインを飲みます。私のお気に入りは濃厚な果実の香りが特徴のカリフォルニアのシャルドネです。疲れたときには果物を食べてビタミンCを補給するとよいとよく言いますが、まさに元気が回復するような気分になります。

またワインならチーズやパン、ドライフルーツなど手頃なおつまみにもよく合います。日本人の食生活は洋風化が進んでいます。それがよいか悪いかは別として、洋風化された食事にはやはりワインが合います。

ビジネスマンではありませんが、元女子プロスポーツ選手にワインの話を聞いたことがあります。今でも仕事でよく海外に出かけるそうですが、出張先で疲れたときはホテルのバーなどでグラスワインを注文するそうです。ワインなら海外でも簡単に楽しむことができるのです。世界を飛び回る忙しいビジネスマンにとってはまさにぴったりの癒しのお酒と言えるでしょう。

飲みニケーションには科学的根拠があった

動物行動学者で執筆家の竹内久美子さんによれば、すべての哺乳類の体内に存在するオキシトシンというホルモンが最近、大変注目されているそうです。理由はその驚くべき役割です。オキシトシンがひとたび脳下垂体から分泌されると、不安な気持ちが薄れ、幸せや安心感がもたらされ、人と人との間に絆が築かれ、愛着の情がわくのだそうです。さらには傷などの痛みが和らげられ、傷の治りが早くなり、免疫力も高まるという、まさしくスーパーホルモンです。

オキシトシンはさまざまなきっかけで分泌されますが、そのひとつが食べることとお酒を飲むことです（ただしお酒の場合は少量に限り、飲み過ぎると分泌が止まるようです）。初対面同士でも一緒に軽くお酒を飲みながら食事をしたりすればオキシトシンが分泌され、その働きによって、気持ちがリラックスするだけでなくお互いの間に絆や信頼感が生まれることもあり得ると竹内さんは指摘しています。昔からお酒はコミュニケーションのツールと言いますが、れっきとした科学的根拠のあったことがわかってきたのです。

ワイン好きのビジネスマンはもちろんプライベートでもワインを楽しみますが、やはり何らかの形で仕事がからむ場合が多いと言います。とりわけ経営者ともなれば人と会うこと自体が仕事のようなものです。「僕もそうですが、やはり経営者になると人と会う機会が増える。どうせ会うならおいしいレストランでということになり、飲み物は自然とワインになります」とレバレッジコンサルティングの本田さんは話します。オキシトシンの話を聞くと、ビジネスマンがワインをビジネスの成功や人脈拡大に不可欠なツールとして用いているのも、さらに納得します。

ワインにあって日本酒にないもの

しかしオキシトシンの分泌を促すお酒はワインとは限りません。日本酒だってオキシトシンを分泌させるに違いありません。でもなぜかできるビジネスマンのビジネスディナーのお供はワインなのです。

ワイン好きのビジネスマンを取材していて興味深かったことがひとつあります。何人ものビジネスマンが口をそろえて「ワインには日本酒にはないものがある」と言うのです。その「日本酒にはない」何かが、できるビジネスマンがワインにはまる理由のひとつであり、ワインがコミュニケーションのツールとして彼らに重用される原因だったのです。

ＧＭＯインターナショナルの熊谷さんは「ワインにはストーリーがある」と言います。そしてこう説明してくれました。「ワインは次の世代のために造っています。明日飲むために造っているお酒ではありません。そういうロマンにひたったり、造り手はどんな気持ちで造ったのだろうと考えたりしながら飲むのが楽しいのです」

ワイン好きのある著名な経営者も「ワインには日本酒にはないストーリー、話題性がいっぱいあります。それがビジネスディナーの場で会話を盛り上げてくれるのです」と話してくれました。

スタートトゥデイの前澤さんも「お酒は何でも飲みますが、ワインを飲みながらする話というのは日本酒などほかのお酒を飲んでいるときは出てきません。不思議ですね」と言うのです。

たしかにワインは数多くのストーリー（物語）を持ったお酒です。何千年にも及ぶワインの歴史そのものがひとつの壮大なストーリーですが、個々のワインもまた、それぞれにストーリーを持っているのです。この本の中でこれまで紹介してきたワインにまつわる数数のエピソードも、まさにそうしたストーリーのひとつひとつです。まだまだ紹介しきれないエピソードもたくさんあります。ワインを語ることは世界の歴史や文化、経済を語ることにほかならないのです。

輸入大国に花開く豊かな批評文化

突然ですが、シャンパンの生産国であるフランスを除いて、世界で一番シャンパンの消費量の多い国はどこかご存じですか。答えはイギリスです。

2011年のイギリスのシャンパン輸入量は750ミリリットルのボトル換算で約3453万本。2位のアメリカの約1・8倍です。イギリスの人口がアメリカの約5分の1であることを考えれば、イギリス人のシャンパンの消費量は半端ではありません。シャンパンだけではありません。イギリスはオーストラリアワインの最大の輸入国でもあるなど、世界のワインの一大消費地なのです。

イギリス人のワイン愛好家はワインに詳しく、うるさいことでも知られています。世界各国で読まれているワイン雑誌『デキャンター』はもともとイギリスの雑誌です。世界的に著名なワイン評論家の多くもイギリス人です。イギリス人はある意味、世界で最もワインにはまっている国民です。

なぜでしょうか。理由は簡単です。イギリスはワインを造っていないからです。正確に言えばわずかながら生産していますが、イギリス人が消費するワインの大半は輸入ワインです。消費者は同じ商品カテゴリーに複数のブランドが存在すれば、必ず商品を比較し吟味するという行動をとります。自分で判断できなければ口コミや情報誌など第三者の評価を頼りに商品を選びます。こうしてイギリス人は、ワインを批評する文化を発展させていったのです。

これに対しフランス人やイタリア人などワイン生産国の国民は、自分たちの国や地域で造ったワインしかほとんど飲んできませんでした。ですからいろいろな国のワインを比較して楽しむという発想がもともとないのです。

アメリカ人もイギリス人と似たところがあります。アメリカは世界有数のワイン生産国ですが、アメリカ人がカリフォルニアワインなど自国のワインを有り難がって飲むようになったのはごく最近です。とくにニューヨークなど東海岸では、長い間、ヨーロッパからの輸入ワインが主流でした。ですからアメリカ人もワインを比較するのが大好きです。そうした土壌からロバート・パーカー氏という現在、世界で最も影響力のあるワイン評論家が生まれたのです。

日本人もイギリス人やアメリカ人と非常によく似ています。日本にも国産ワインはありますが、やはり消費の主流は世界各国からの輸入ワインです。加えて日本人は研究熱心な国民です。ワインはもともと日本の食文化にはありませんが、英米の例を見れば、日本人がワインにはまるのはけっして不思議なことではありません。イギリスの老舗ワイン商、BB&Rの清水さんは「イギリス人は世界中のいろんなワインを飲んでいるのでワインに関する舌がとても肥えています。日本人は知識欲も旺盛なので、イギリス人のようになる可能性はあります」と言います。

とりわけできるビジネスマンともなれば、いろいろなワインを飲んで比較する機会に恵まれています。そこに、スタートトゥデイの前澤さんのように仕事でも趣味でも好きなことに夢中になる生来の性格が加わるわけですから、ワインに対するはまりかたが普通の人より激しくなるのも、さもありなんというわけです。

若者の街でもワインバーが次々にオープン

ワインに関する数多くの著作のある弁護士の山本博さんによると、東京は今、ワインバー・ブームだそうです。近著『東京おいしいワインバー』（イカロス出版）の書き出しで、「レストランの激戦区、銀座、赤坂、青山、六本木ばかりでなく、新宿、渋谷、神田や神楽坂など若い人が集まる歓楽街では雨後の筍のようにワインバーが生れている」と述べています。

たしかにそれは私も実感します。私も友人や知り合いとよくワインバーに行きますし、人との待ち合わせに早く着きすぎてしまったときは、近くにワインバーを探し、スパークリングワインをグラスで飲みながら時間を潰すこともあります。いつのぞいても繁盛しているワインバーも多く、日本人っていつの間にこんなにワインを飲むようになったのだろうかと不思議な気持ちになります。

対照的に、居酒屋が苦戦しているというニュースを最近、よく耳にします。原因は若者のアルコール離れと報じられています。

しかし、若者が集う街でワインバーが次々とオープンしているという話を聞くと、若者のアルコール離れが本当に原因なのかどうか疑いたくもなります。

第2章では、できるビジネスマンがはまるワインの魅力についていろいろ述べてきました。ワインにはさまざまな種類があり香りや味わいがバラエティーに富んでいること、詳しくなるには知識が要求され、それが知的好奇心を刺激すること、一種の芸術作品であること、健康によいこと、心が癒されること、物語があること、それらすべてがワインの魅力なのです。

しかし実は、それらすべての魅力に勝るワインの最大の魅力があるのです。何だと思いますか。答えは、美味しいことです。なぜ美味しいのかは私にもわかりません。ですが、人を好きになるのに理由は要らないと言います。ワインも一緒です。美味しいと感じるのに理由は要らないのです。

「ワインは飲まなきゃわからない」。私の愛読漫画『神の雫』に出てくるセリフです。私もまったくその通りだと思います。飲まないことには美味しさはわかりません。飲んで美味しいと感じて初めて、ワインに対する関心が深まり、ワインの新たな魅力を次々と発見し、そしてその魅力の奥深くに引き込まれていくのです。

ではそのワインの魅力に引き込まれたできるビジネスマンたちは、普段、どんなふうにワインを楽しんでいるのでしょうか。第3章では、できるビジネスマンのワインの作法についてお話しします。

第3章　ソムリエは見た！
できる人のワイン作法

ソムリエは銀座高級クラブのママに似ている

「できるビジネスマンかどうかはお店でのワインの飲み方、楽しみ方でわかります」

まるで銀座の高級クラブのママが言いそうなセリフですが、違います。では誰が言っているのでしょうか。答えはソムリエです。実際にここまではっきり言うソムリエはいませんが、彼らに聞いた話をまとめると、まさにこう言わんとしているのです。

ソムリエの仕事は単にワインの注文を取って客のグラスにワインを注ぐだけではありません。どうすれば客に満足してもらえるか、喜んでもらえるか、気持ちよく帰ってもらえるかを常に考え、そのために、客が店に足を踏みいれた瞬間から五感を駆使して客の観察、分析を始めるのです。

これは当然と言えば当然です。ソムリエのいるような店はけっして安い店ではありません。高いお金を払う分、客は料理にしてもワインにしてもサービスにしてもそれなりのレベルのものを求めてきます。接待などビジネス目的なら、求めるレベルは一段と高くなるでしょう。ソムリエはそうした期待に応じるため、この客は何を望んでいるのか、どんな性格なのか、客同士はどういう関係なのか、といったことを短い時間で推理し、そして細心の注意を払ってサービスするのです。

たとえば客の中にはソムリエといろいろ話をしたいという話好きの客もいれば、静かに飲みたいのであまりかまってほしくないという客もいます。もちろん客のほうからそんなことは言い出しません。客にそんなことを聞くこともできません。なのでソムリエは、最初に客と交わす短い挨拶で客がどちらのタイプか判断しようとします。すべてのソムリエがそうだとは言いませんが、そうしているソムリエもいるのです。

ですからソムリエは銀座の高級クラブのママのように、ビジネスマンを見る目に長けています。できるソムリエともなれば多くのファンや常連客が付き、他の店に移ったり独立したりしても客が一緒についてきます。ソムリエ目的でその店に行くという人も少なくありません。常連客になるには店に足しげく通わないとなれませんから、常連客の多くはお金に余裕のある成功したビジネスマンです。このあたりも高級クラブのママにそっくりです。

そんなソムリエの何人かに、できるビジネスマンはどんなワインの飲み方、楽しみ方をするのか聞いてみたところ、実に興味深い話を聞くことができました。

できる人はソムリエとも上手につきあう

まずソムリエが口をそろえるのは、できるビジネスマンはコミュニケーション能力に非常に長けているということです。東京・麻布十番の人気フレンチレストラン「オルタシア」でヘッドソムリエを務める千葉和外《かずと》さんはこう証言します。

「できるビジネスマンはコミュニケーション能力がとても高く、ソムリエをおだてるのが上手いですね。ソムリエも人間ですからおだてられるとつい嬉しくなって、本来ならグラスワイン用には開けないような高いワインをわざわざ開けてグラスワインとして出してしまいます。結局、コミュニケーションの上手なビジネスマンは得します」

最近はグラスワインのリストの充実したレストランやワインバーが増えています。1杯ずつ注文できるグラスワインは、いろいろな種類のワインが味わえて楽しい半面、やはりそのお店の本当に美味しいワインはボトルで注文しないとなかなか飲めません。ここが私などもボトルで注文するかグラスで注文するかいつも迷う理由です。ですからソムリエに「これ、リストには載せていませんがどうぞ」などと高そうなワインをグラスで出されたら、客はとても感激してしまうに違いありません。お店にとっては開けたボトルの中身が売れ残るリスクが生じますが、それで客にますます気に入ってもらえれば長期的にはプラスです。つまりコミュニケーション能力の高いビジネスマンはお店とウィン・ウィンの関係を築けるのです。

私には、ソムリエをおだてて高級ワインを開けさせるほどのコミュニケーション能力はありませんが、ちょっとだけ似た経験ならあります。

アメリカのカリフォルニア州に住んでいたとき、よくワイナリー巡りをしました。ワイナリーには必ずバーカウンターがあってワインを有料試飲できます。カウンターに入って客にワインを注ぐワイナリーのスタッフとワインの話をしながら試飲をしていると、だんだん話が盛り上がり、そのうちスタッフが試飲リストに載っていないワインをセラーから引っ張り出してきて、「ちょっとこれも飲んでみるかい」といった感じで次から次へとただで飲ませてくれるのです。そんな経験を何度かしました。今それを思い出すと、たしかにソムリエと上手にコミュニケーションをとることは大事だと実感します。

東京・銀座「レカン」のシェフソムリエ、大越さんも同じ指摘をします。

「仕事のできそうなビジネスマンはレストランの仕組みをよく理解しています。つまりその店のワインに一番詳しいのは、ワインの仕入れ責任者であるソムリエだということです。そういうお客様はソムリエと会話をしながらワインリストには書かれていない情報を上手に引き出します。結果的にとてもよいワインを選びますね」

客の中にはワインは好きだけれどワインに関する知識はほとんどないという人もたくさんいます。しかしたとえ知識がなくてもやはりできるビジネスマンは一味違うと言います。再び大越さんの証言です。

「できる人はワインを知らないなら知らないなりにソムリエを上手に使います。自分や同伴者のワインの好みをソムリエにわかりやすく説明し、あとはよろしく、という感じでソムリエに託します。どうすれば物事がスムーズに進むのか常に考えているのでしょう。こちらとしても非常にサービスがやりやすくなります」

困るのは「安くて美味しいワインを」とだけ丸投げする人

逆にソムリエがサービスするのに困ってしまうという客もいます。言わずもがなですが、コミュニケーションの下手な客です。

コミュニケーション能力の低い人はいくつかのタイプに分かれますが、一番多いタイプは物事を丸投げしてしまうタイプ、というのがソムリエの一致した意見です。

具体的には、どんなワインが好みかとかどんなワインが飲みたいかといった要望を一切伝えず、予算も言わず、ただ一言「安くて美味しいワインをお願いします」と言って後は知らんぷりしてしまうタイプです。コミュニケーション下手は口下手とは違います。口下手でもコミュニケーションが上手な人はいっぱいいます。しかしこんなふうに丸投げされてはソムリエもワインを選びようがありません。そもそも値段と美味しさはある程度比例します。「安くて美味しいワインを持ってきなさい」というのはソムリエにとって究極の難題です。こういう場合ソムリエは、「軽いタイプがお好みですか」などと慎重に質問を繰り返しながらワインを絞っていきますが、やはり苦労するようです。

会社にも、部下に仕事を丸投げして後は知らんぷり、そのくせ部下のした仕事に文句をつけるという困った上司がときどきいますが、お店でワインを丸投げするような人はきっと会社でも同じようなことをしているのだろうなと想像できます。

ソムリエを顎で使う北風タイプは損をする

コミュニケーション能力の低いもうひとつのタイプは、命令口調でソムリエに指示を出すなど威圧的な態度をとる客です。会社で言えばパワハラするタイプです。このタイプはさすがに多くはないようですが、ソムリエからすれば丸投げタイプよりさらに扱いにくい客です。ソムリエだって人間ですから、客とは言え顎《あご》で使うような人に対してよい感情を抱くはずはありません。プロですから露骨に表情や態度には出しませんが、少なくともワインリストに載っていないワインを出すといった客の喜ぶサービスをする気にはならないでしょう。

イソップ寓話の「北風と太陽」を思い出してみてください。北風と太陽が、どちらが旅人の上着を脱がすことができるか勝負する話です。北風は思い切り強風を吹かせて上着を飛ばそうとしますが、旅人は逆に寒くなって上着をしっかり押さえてしまいました。一方、太陽は旅人にまばゆい陽光を浴びせました。すると旅人は次第に暑くなり、自ら上着を脱いだのです。

この寓話にたとえれば、北風はコミュニケーションの下手な客、太陽はコミュニケーションの上手な客、そして旅人はソムリエです。コミュニケーション能力に長けた客はソムリエの心を開かせ、自分の思い通りにソムリエを動かすことができるのです。逆に威圧的な態度のコミュニケーションの下手な客は、ソムリエの心を閉ざし、結局、得るものも得られなくなります。

できる人はソムリエとチームを組んで接待する

ソムリエによれば、できるビジネスマンは接待の達人でもあります。「オルタシア」の千葉さんの言葉を借りれば、できるビジネスマンは「ソムリエとチームを組んで接待する」のです。

接待上手なビジネスマンはまず事前に、接待相手の人数や簡単なプロフィール、予定している予算など基本情報をしっかりとソムリエに伝えます。その上でワインや料理の細かい打ち合わせをし、さらに、場を盛り上げるための作戦を一緒になって立てます。もちろんその前に本人がソムリエとある程度親しくなっておく必要があることは言うまでもありません。

当日は打ち合わせ通り、ホスト役とソムリエが一丸となって相手を接待します。ソムリエはサービスのプロですから、接待の場でソムリエを味方につけるほど心強いことはありません。ソムリエはホスト役のためにいいワインを用意します。またテーブルの会話に参加して話を盛り上げます。そしてタイミングを見計らって、ホスト役がワインに詳しいことをさりげなく接待相手に伝えます。千葉さんによるとこれが大切だそうです。接待相手は「そうか、この人はそんなにワインに詳しかったのか。そんなに詳しい人にワインの美味しい店に連れてきてもらい、美味しいワインを飲ませてもらって、大満足だ」と非常に喜ぶといいます。こうなれば接待は大成功です。

自分がワインに詳しいことはソムリエに伝えてもらう

今述べたように、できるビジネスマンはいくら自分がワインに詳しくても、自分からはけっして言い出しません。単なる自慢や嫌味に聞こえかねないからです。しかし接待などの場で自分がワインに詳しいことを相手にさり気なく伝えることは、実は非常に大きな意味があるのです。

話の内容というのは一般に、聞き手が話し手に権威や専門性、信頼性を感じるほど説得力が増すことが、心理学の研究で明らかになっています。同じワインでも、ソムリエに「このワインとても美味しいですよ」と言われて飲むのと、普段ワインを飲んでなさそうな友達に「このワイン、この前飲んだらすごく美味しかったよ」と言われて飲むのとでは、感じる美味しさが全然違ってきます。

これと同じで、接待相手も、ワインに詳しいかどうかわからないホスト役に「これ、美味しいですよ」と勧められて飲むワインより、ワインに詳しいホスト役にそう言われて飲むワインのほうが、美味しく感じ有り難みも増します。ただしホスト役が自らワインに詳しいことを吹聴するのは、先ほども言ったように相手の心証を悪くしかねません。そこでソムリエに「○○さん、とってもワインに詳しいんですよ」と会話の自然な流れの中で伝えてもらうのです。ワインのプロであるソムリエにそう言ってもらえれば、接待相手の目の前でワインの権威からのお墨付きを得たことにもなります。接待相手がホスト役に抱く信頼感は一気に高まることでしょう。ソムリエを通して自分がワインに詳しいことを相手にわからせることには、こうした深い意味があるのです。

ボトルで注文、トップクラスの気配りとは？

できるビジネスマンのワイン接待の仕方をもういくつか挙げれば、できるビジネスマンは常に気配りを欠かしません。

レストランに4人で行き、ワインをボトルで注文するとします。客がボトルで飲むときにソムリエが一番気を遣うのは、不公平にならないよう全員に均等に注ぐことです。ところが中には飲むペースの速い人がいて、その人のグラスだけ常に空になってしまうような場合があります。そんなときグループの中のホスト役が気配り上手だと、ソムリエに「私は結構ですので、あちらの方にお注ぎしてください」というサインを送るのです。小声でそっと伝える場合もありますし、さりげないジェスチャーで指示する場合もあります。いずれにせよソムリエは助かります。恩にも着ることでしょう。グラスが空の人も喜びます。「ここまでくれば気配りもトップクラスです。非常にまれですが、ここまでできるビジネスマンもいます」と「レカン」の大越さんは話してくれました。

ところで、ソムリエのいるレストランで飲むときのマナーとして気をつけなければならないのは、ワインは基本的にソムリエに注いでもらうということです。ソムリエのいない店ではワインもビールや日本酒のように客同士で注ぎ合いますが、ソムリエのいる店ではソムリエにまかせるのがルールです。

できる人はホストテイスティングで場を盛り上げる

できるビジネスマンは部下を上手に鼓舞したりチーム全体の士気を高めたりする能力に長けています。つまりすぐれたリーダーシップ力を持っているのです。ワインの場でも同じです。できるビジネスマンは率先して場を盛り上げようとします。

日本ソムリエ協会の機関誌『Sommelier』の企画記事「ソムリエ座談会」に載ってい

た話ですが、グループ客の中のホスト役がホストテイスティングの際に「これ美味しい」などとワインを褒めると、そのテーブルは雰囲気が明るくなり、その後の会話も盛り上がることが多く、ソムリエもサービスがしやすくなるそうです。ホストテイスティングとは、全員にワインを注ぐ前にソムリエがホスト役の客のグラスに少しだけワインを注いで、そのワインでよいかどうか確認してもらう儀式のようなものです。逆に、ホスト役が「このワイン、香りが閉じているな」など否定的な感想を漏らすと、ソムリエもサービスのテンションが下がるそうです。

たしかに、必ずしもホストテイスティングの際にではありませんが、席の誰かがワインを褒めることによって場が盛り上がったということは、私も何度も経験しました。たとえばソムリエに向かって「このワイン美味しいですね」と言えば、ソムリエは喜んでそのワインの説明を始め、参加者も楽しそうにソムリエの話を聞きます。あるいは誰かが最初に褒めると、それが口火となって次々と感想が飛び出し会話が進み始めるのです。もし逆に否定的な感想を言ったら、ソムリエもワインの説明をしにくくなるに違いありません。また同席者も「自分にとっては美味しいけど、○○さんと逆の意見を言うのも角が立つしなあ」と感想を口にしにくくなることでしょう。

ホストテイスティングには昔は何らかの重要な意味があったのでしょうが、今や単なる儀式、お遊びにすぎません。せいぜいソムリエがホスト役を確認するのに役立つぐらいです。その証拠に、気の置けない友人同士で飲むときは面倒くさいのでホストテイスティングなしで飲み始めることも普通にあります。その程度の意味合いしかないホストテイスティングで、さあこれからみんなでワインを楽しく飲もうとしているときに、否定的なコメントで周囲のテンションを下げてしまうような人は、少なくとも空気を読むのが上手とは言えません。

ワイン・スノッブは世界共通で嫌われる

ここで是非ワイン・スノッブについて触れておかなければなりません。第1章で言葉の紹介だけしましたが、ワイン・スノッブは、やたらとワインの知識をひけらかすワインオタクを指す言葉です。ワイン・スノッブは英語です。『ワイン通が嫌われる理由《わけ》』（レナード・S・バーンスタイン著、渡辺照夫訳、時事通信社）という本もあるように、ワイン・スノッブは世界中に存在し、どこにいても嫌われ者のようです。

ワイン・スノッブは、アンチ・ワイン派にとっては鼻持ちならない奴らですが、ワイン愛好家にとっても非常に迷惑な人たちです。なぜならワイン・スノッブの存在がワイン愛好家全体のイメージダウンを引き起こしているからです。

ワイン好きのできるビジネスマンにワイン・スノッブはいないのでしょうか。あいにくというか幸いにというか、私のワイン仲間にワイン・スノッブが見当たらないので、ソムリエに聞いてみました。するとたしかに、知識をひけらかしたがる客は常にいるそうです。しかしコミュニケーション能力に長けたできるビジネスマンは、必ず相手の反応を見ながら会話を進めるので、相手が引くのを感じ取ったらすぐに話題を変えると言います。一方、コミュニケーション能力の低い人は、自分に酔い(そしてワインにも酔い)、聞き手のことなどお構いなしに蘊蓄を傾け続けるのだそうです。

こう見ると、私の勝手な推測ですが、ワイン・スノッブが嫌われるのはワインの蘊蓄を傾けるからではなく、「自分はこれだけワインに詳しいんだ」という自慢話を延々とするからだと思います。自分にはどうでもよい他人の自慢話を聞かされるほど退屈なことはありません。結婚披露宴のスピーチで、新郎や新婦の会社の上司が会社の紹介や自慢話を延延とするのを聞いてうんざりしたという経験のある人も大勢いるでしょう。

能ある鷹は爪を隠すと言いますが、ワイン好きのできるビジネスマンは蘊蓄を隠すのです。

できる人は明細書を細かくチェックする

「何でもいいから、美味しいのをお願い」。日本がバブルに浮かれていた時代は、バーやクラブでこんなふうにワインを飲んでいたバブル成金も多かったようです。今でも、お金に余裕のあるできるビジネスマンは値段など気にせずに好きなワインを注文するのだろうなあと勝手に想像していました。しかしソムリエによるとこれは間違いだそうです。

「できるビジネスマンほど値段を気にします。高いワインを飲まないという意味ではありませんが、明細書も細かくチェックします」と「オルタシア」の千葉さんは証言します。高いワインを飲まないという意味ではありません。それなりに高いワインは飲みます。ただし、飲むワインの美味しさと値段が釣りあっているかどうか慎重に吟味するそうです。あるいは明細書を見て、料理やサービスもふくめて納得する金額かどうか頭の中で検証するようです。つまりワイン好きのできるビジネスマンは常にコストパフォーマンスを重視しているのです。

考えてみれば当然です。できるビジネスマンほど優れた経営感覚を身につけています。コストパフォーマンスとは、使った金額に対して得られる利益や効果のことです。ビジネスを成功させるということは、言ってみればコストパフォーマンスを最大にすることであり、どうやってそれを達成するかが経営者の腕の見せ所なのです。

個人レベルでもコストパフォーマンスを考えて行動や判断をすることは大切です。たとえば自己研鑽のために語学学校に通うとします。ある語学学校は、授業料は1カ月5000円ですがグループレッスン。別の語学学校は1カ月30000円かかりますが徹底した個人レッスン。後者は費用が前者の6倍にもなりますが、それで語学力が確実に上達し自分のキャリアに大きくプラスになるのなら、必ずしも高いとは言えません。むしろコストパフォーマンスがよいということになります。

ワインも非常によく似ています。ワインの場合は必ずしも効果を数値で表すことはできません。しかし、多少値段が高くてもそのワインが予想以上の美味しさだったら、大きな満足感が得られます。これはコストパフォーマンスがよかったと言えるのではないでしょうか。

ついでに千葉さんによれば、弁護士と並ぶ高級ワイン愛好家の職業である医者の中でも、開業医はワインのコストパフォーマンスを非常に気にするそうです。開業医は医者であると同時に経営者でもあります。そう考えれば納得がいきます。

ワイン好きの大切な物差し「コスパ」

できるビジネスマンはワインのコストパフォーマンスを重視すると書きましたが、実際にワイン愛好家はコストパフォーマンスという言葉を非常によく使います。ワインは種類がたくさんありすぎて値段の差も非常に大きく、値段だけで選ぶのはあまり意味がないからです。コストパフォーマンスはワインを選ぶ際の大切な物差しなのです。

たとえば値段の安い割に美味しければ「このワイン、コスパが高いなあ」と言いますし、逆に期待して飲んだワインが値段の高い割に平凡な味わいだったら「このワイン、あまりコスパよくないね」とがっかりします。

ワインのネット通販サイトのレビュー欄をのぞけば、「このワイン、めちゃめちゃコスパがいいです」とか「コスパ最高です。また買います」、あるいは逆に「たしかに味は悪くありませんが、コスパ的には微妙です」といった購入者からのコメントがあふれています。私もよくインターネットでワインを買うのですが、ワインを選ぶ際に一番参考にするのが購入者のレビューです。中でも、過去の購入者がそのワインのコストパフォーマンスをどう見ているかを最も重視しています。

コストパフォーマンスという経済用語がこんなにひんぱんに使われるのは、お酒の中ではワインぐらいではないでしょうか。「このビール、コスパがいいね」とか「コスパのいい日本酒だね」といった会話はあまり聞いたことがありません。

これもまた、できるビジネスマンがはまるワインの面白さです。

ワイン社交界の暗黙のルールが変わりつつある

ソムリエによれば、ここ数年、レストランでワインを楽しむカップルに異変が起きているそうです。

ソムリエのいるような洒落《しゃれ》たレストランにカップルで行くと、男性用と女性用でメニューが違います。男性に渡すメニューには値段が書いてありますが、女性に渡すメニューには値段が書いてありません。なぜそうなのか正確な理由は知りませんが、「デート代は男が支払うもの」という社会通念を映したものと容易に想像がつきます。同じように、ワインリストも通常、男性に渡されます。「ワインは男が選ぶもの」というのがワイン社交界の暗黙のルールなのです。

ところが数年前ぐらいから、ソムリエがカップルの男性に渡したワインリストを、男性が同伴の女性に渡し、女性がソムリエと会話をしながらワインを選ぶという光景がひんぱんに見られるようになりました。カップルが夫婦ならわからなくもないですが、明らかにデート中の独身カップルで女性がワイン選びの主導権を握っている場合が目立つと言います。

たしかに世の中全体を見渡せば、女性のほうが男性に比べてワイン好きが多く、ワインに詳しいのもどちらかと言えば女性です。詳しいほうがワインを選ぶのは理に適っています。しかし理由はそれだけではないと私は考えています。

「ジェンダー・バイアス」という社会科学用語があります。世の中にはたとえば「女は家事・育児に専念すべきだ」「男は外で働き家族を養う義務がある」「女は感情的になるのでリーダーに向かない」「男は弱音を吐くべきではない」などと考える人たちがいます。つまりジェンダー・バイアスとはわかりやすく言うと、「男はこうあるべきだ」「女はこうあるべきだ」と性別で人の生き方を縛ったり決めつけたりする考え方です。日本はジェンダー・バイアスの強い社会で、そのために女性の地位向上が他の先進国に比べて遅れていました。しかし最近は、日本も徐々にジェンダー・バイアスに縛られない社会へと変わり始めています。第1章で触れた企業のダイバーシティの動きもこうした変化の一環です。

「ワインは男が選ぶもの」というのも一種のジェンダー・バイアスだと私は思います。しかしこのワイン社交界の暗黙のルールも、社会全体の変化を映し変わりつつあるのです。

それを主導しているのがワイン好きのビジネスマンです。私は、デートで女性にワインを選ばせるビジネスマンができるビジネスマンかどうかまでは判断がつきません。しかし、第1章で紹介したワコールの塚本さんの言葉をもう一度ここで要約して述べれば、これから活躍するビジネスマンの条件は、ジェンダー・バイアスを持たず、同じ高さの目線で女性と接することのできるビジネスマンです。そう考えると、デートでワイン選びを女性に任せることのできるビジネスマンは、将来も有望と言えるかもしれません。

最も気をつけるべき身だしなみは「におい」

できるビジネスマンはワインを楽しむときの身だしなみにも気を使います。ワインの身だしなみで一番気をつけなければならないのは「におい」です。ワインは香りを楽しむお酒です。いいワインはグラスの中から素晴らしい香りを発散させ、グラスに顔を近づけなくても香りを楽しむことができます。

そうした場に余計なにおいがあってはワインの香りが台無しになります。とくに女性の場合、ワインの席では強い香水はつけないのがマナーです。ビジネスマンでとくに注意しなくてはならないのはタバコです。タバコの煙もワインの香りを台無しにします。昔に比べれば喫煙人口はかなり減っていますが、酒の席でタバコを吸う人は相変わらず目立ちます。最近は居酒屋のような場所をのぞけば全面禁煙のレストランが増えているので、がまんできなくなった喫煙者は店の外に出て一服する光景もよく見かけます。しかしタバコのにおいは案外服に染みつくので、喫煙者本人はマナーを守っているつもりでも周囲を不快にします。

私が暮らしていたアメリカのカリフォルニア州では、レストランやバーを含む公共の場での喫煙は法律で非常に厳しく規制されていたので、タバコのにおいで食事が台無しにされたという経験は皆無でした。ですから、帰国して家の近所の中華料理店で食事をしたとき、隣の席からタバコの煙が漂ってきて、カルチャーショックを受けた記憶があります。

アメリカでは喫煙者と太った人は出世できないと言われています。タバコをやめられないのも太るのも自分に甘い証拠とみなされるためです。自分に甘い人間は仕事に厳しさが欠け、失敗すれば言い訳し、そのくせ同僚や部下には必要以上に厳しく当たるなどビジネスマンとしての資質が著しく欠けると思われているのです。もちろんタバコは周りに迷惑ですし、本人の健康にも周りの人の健康にもよくないことは言うまでもありません。

私がワインを飲み交わすビジネスマンに喫煙者はいません。彼らとワインを飲むときは余計なにおいを気にせずにワインを存分に楽しむことができます。今やタバコを吸わないことはできるビジネスマンの身だしなみと言えるのではないかと思います。

できるソムリエとできないソムリエの分かれ道

視点を変えて、できるソムリエの見分け方をちょっとだけお話ししましょう。

ソムリエにもいろいろいます。経験豊富でサービスの素晴らしいソムリエもいれば、経験未熟であまり気の利いたサービスのできないソムリエもいます。ワインをボトルからグラスに注ぐときに滴がテーブルの上にたれてしまったという程度のことなら、よくあることであまり気になりませんが、客から見て最悪のソムリエというのは会話によって客を不快にさせるソムリエです。

典型的な例が、出したワインが傷んでいたときです。正確に言うと、客が「ワインが傷んでいる」と主張したときです。小売店で買ったワインを飲もうとしたらカビのような異臭がした、ということがごくたまにあります。こういう傷んだワインを「ブショネ」と言います。これは栓のコルクの品質に問題があったり、流通の過程で保管がきちんとされていなかったりするのが原因です。

ちゃんとしたソムリエのいるレストランなら、傷んだワインを客が実際に口にする可能性はゼロに近いでしょう。ソムリエは必ず客の前で、ワインを客のグラスに注ぐ前に自分の試飲用グラスに少量を注ぎ、においをかいだり口に含んだりして大丈夫なことを確認する作業をするからです。ソムリエが普段から鼻を鍛えている最大の理由は、ワインの香りを美しく表現してみせるためではなく、このブショネを発見するためと言っても過言ではありません。私も一度だけですが、銀座のフレンチレストランで食事をしたとき、注文した白ワインを試飲したソムリエがブショネに気づいて、こちらが何も言わないのに別のボトルと交換してくれた経験があります。その店にはソムリエが何人もいましたが、試飲は必ずチーフソムリエがしていました。それほどブショネには細心の注意を払うのです。

ところがちゃんとしたレストランでも、客が「これブショネじゃない？」とか言い出すことがあります。ここからができるソムリエとできないソムリエの分かれ道です。未熟なソムリエやそもそもソムリエに向いていないソムリエは、「いや、そんなことはないと思いますが」と否定したり、「お客様、これはブショネではなく……」と客を説得し始めたりします。ブショネなんて言葉を使う客は大抵、ワインに詳しいという自負があるので、ソムリエの対応にカチンときて怒りだします。最近は店に対する不満をネットに書き込んだりする人もいるので、ますます大変です。

一方、できるソムリエは、ブショネではないと確信していても、あえて「申し訳ございませんでした。直ちに別のボトルと交換いたします」とすぐに謝り、事態の収拾を最優先します。客も、下手《したて》に出られればけっして悪い気はしません。客に満足して帰ってもらえれば店にとっても最終的にはプラスになります。できるソムリエというのは大所高所からの判断ができるものなのです。

マイペースで飲めるのはグラスのメリット

ビジネスマンとワインを飲んでいてふと気づいたことがあります。できるビジネスマンほど深酒をしないのです。けっしてお酒に弱いというわけではなく、もちろんお金がないわけでもなく、飲もうと思えばもっと飲めるはずなのですが、敢えて途中で自分にストップをかける。そんな飲み方をするのです。

体によくない食べ過ぎを戒める言葉に「腹八分目」というのがあります。それにならえば、できるビジネスマンの飲み方というのは「肝臓五分目」とでも言えるでしょうか。

たとえば私のよく知るビジネスマンのAさんは、2人でワインを飲みながら食事をするときは、いつもワインはボトルではなくグラスで1杯ごとに注文します。Aさんと飲むときは私もAさんに合わせてグラスで注文することにしています。ワインはボトルで注文するものというイメージもありますが、最近はソムリエのいるレストランならグラスワインのリストが充実しているところも徐々に増えてきました。

私はAさんがなぜいつもボトルではなくグラスで注文するのか、不思議に思っていました。そこで私なりに考えて出した結論がこれです。

要は、グラスで注文したほうが、自分で酒量をコントロールしやすいというメリットがあるのです。もちろん、出てくる料理に合わせていろいろな種類のワインを楽しめるということもあります。しかしAさんはそれほど何杯も注文しません。Aさんはけっしてお酒が弱いわけではありません。そうなるとやはり自制していると考えざるを得ません。

グラスだとなぜコントロールしやすいのでしょうか。まず、グラスが空になってもソムリエに注ぎ足される心配がありません。「気配り上手」の項で書きましたが、1本のボトルを2人以上でシェアする場合、ソムリエは全員の飲む量がだいたい均等になるように配慮し、客同士の会話などを邪魔しないよう何気ない動きで注ぎ足します。こうした気配りはソムリエのサービスのイロハです。しかしこの気配りが徒《あだ》となって、断らない限り勝手に注ぎ足されてしまいます。グラスならこんな心配はありません。実際、前回Aさんと飲んだときも、私のほうがかなり多くお替わりした記憶があります。Aさんはマイペースにお替わりすることで、酒量を上手くコントロールしていたのです。

またボトルの場合だと、どうしても飲み切らなくてはもったいないという心理が働いてしまい、無理して最後まで飲んでしまいがちです。私が以前住んでいたカリフォルニア州では、ボトルのワインを残した場合は客がボトルを持ち帰ることができ、実際にそういう光景もよく目にしました。持ち帰れるならその場で無理に飲み切る必要はなくなります。しかし日本では飲み残したボトルを客が持ち帰るという習慣はまだあまりないようです。

できる人は「肝臓五分目」で抑えられる

なぜできるビジネスマンは飲む量を「肝臓五分目」に抑えるのでしょうか。

実は「肝臓五分目」を忠実に実践していた歴史上の英雄がいます。フランスの皇帝ナポレオン1世です。ナポレオンはブルゴーニュワインの「シャンベルタン」の大ファンだと第2章で紹介しましたが、「シャンベルタン」だけでなくシャンパンも大好きだったようです。その証拠に「シャンパンは勝利の時に飲む価値があり、敗北の時には飲む必要がある」という名言まで残しています。ナポレオンはかなりの飲み手だったと推測できます。

ところが『ワインの王様』（ハリー・W・ヨクスオール著、山本博訳、早川書房）によれば、ナポレオンは、食事の際に飲むワインの量はいつもボトルの半分程度に抑えていました。戦場での深酒は命を落とすと考えていたのか、あるいは健康を気遣ってのことだったのか、理由までは書かれていないのでわかりません。しかし、お酒のいける性質《たち》の人がボトル半分で我慢するというのは、自分をコントロールする力がよほど強くないとなかなかできることではありません。

お酒はほどほどに飲む限りは、心身をリラックスさせたり、気分を明るくしたり、食欲を増進させたりと、さまざまなメリットがあります。しかし飲み過ぎれば、健康を害したり周囲に迷惑をかけたりします。ビジネスマンなら翌日の仕事にも響きます。私もよく経験しますが、飲み過ぎた翌日というのは一日中、体調がすぐれません。それでも私のような意志の弱い人間は、ワインを飲み始めるとアルコールのせいでさらに意志薄弱になり、つい飲み過ぎてしまい、そして翌朝後悔し自己嫌悪に陥ります。しかしできるビジネスマンは違うのです。

元ボストン・コンサルティング・グループの経営コンサルタントで、『外資系の流儀』（新潮新書）などの著書のある友人の佐藤智恵さんによると、アメリカのできるビジネスマンはけっして生活リズムを崩さないそうです。そしてリズムを崩さないために深酒を控えるのです。

「彼らは概して早起きです。朝早く起きてジムに行きトレーニングをこなしてから仕事にとりかかります。その生活リズムは出張先でも崩すことはありません」と佐藤さんは言います。佐藤さんが日本を訪れたあるアメリカの大企業の幹部と東京でディナーを共にしたときも、ワインの量はほどほどにして、食事が終わるとさっさとホテルに引き上げ、翌朝ホテルのジムで一汗流したそうです。

ビジネスマンだけではありません。アメリカ大リーグのイチロー選手も、野球のために徹底して毎日の生活のリズムを守ることで知られています。職業にかかわらず、一流の人というのは自分をコントロールする能力に優れているのです。そしてワインの飲み方もしかりなのです。

最近、ビジネスマンの間で「朝活《あさかつ》」が流行っています。出勤前に、勉強会に参加したり語学のレッスンを受けたりと、つまり朝早くから自分磨きに勤しむことです。何の努力もせずに定年まで会社にいられる時代はとっくに過ぎました。たとえ会社にいられたとしても親の世代のような豊かな暮らしができるとは限りません。成功するためにはもちろん、そこそこハッピーに暮らすためにも自分磨きが必要な時代なのです。そのための朝活なのです。そして朝活のためには深酒は慎まなければなりません。

ワインはキャリアに役立つお酒ですが、飲み過ぎは逆効果であることは火を見るよりも明らかです。

ワインに無理にこだわらないことも大事な作法

実はワイン好きのできるビジネスマンは基本的に他のお酒も好きです。ビジネスマンに、他のお酒はどうなんですか？　と聞くと、だいたい「何でも好きです」との答えが返ってきます。日本酒や焼酎、ビールがけっして嫌いなわけではありません。さすがに年を取るとアルコール度数の高いハードリカーは若い頃ほどは体が受けつけなくなるようですが、普段、必ずしもワインばかり飲んでいるわけではないのです。

ではどんなときにワイン以外のお酒を飲むのかと言えば、やはりビジネスディナーのときが多いようです。

自分はワインが好きでも商談相手や接待相手、あるいはこれから仲良くお付き合いしたいと思う相手が必ずしもワイン好きとは限りません。たとえば年配のビジネスマンなら日本酒党という人も多いでしょう。そういった相手と食事をするときに、自分はワイン、相手は日本酒というのは想像するだけでも変です。とくに日本社会では場の雰囲気を大切にする気遣いはビジネスをする上で欠かせません。相手が年上だったり業界の先輩だったりする場合、気遣い気配りはなおさら大切です。だからワインではなく日本酒を飲む場合もあるのです。できるビジネスマンは相手に合わせることのできる柔軟性を持ち合わせているものです。

また、料理によってはワインではなく他のお酒のほうが合う場合もあります。ビジネスディナーは洋食とは限りません。和食や中華の場合もあります。料理と合わないお酒を無理に飲んでも美味しくありません。また和食や中華のお店ではワインの品ぞろえが十分でない場合もあるでしょう。実際、ワイン好きを自任するある若手経営者は「日本食のときは、ワインではなく日本酒か焼酎」だそうです。ワインに無理にこだわらないこともまた、できるビジネスマンのワインの作法なのです。

マイ・ソムリエナイフ、マイ・グラス、専属ソムリエ!

ワインにはまっているビジネスマンは大勢いますが、中には、ここまではまるか! という人が何人かいます。GMOインターネットの熊谷さんもその1人です。

第1章で紹介したように、GMOインターネットの本社の受付ロビーには、「グループ会社の上場記念にみんなで飲んだワインです」といって、高級ブルゴーニュワインの空のボトルが展示してあります。また社員食堂は毎週金曜夜になるとバーに衣替えし、ワインが飲めます。ついでに紹介すると、社内に託児所もあり、社員が子どもと一緒に食事ができるよう食堂には子ども用のいすも常備してあります。日本の企業社会には、ワークライフバランスの推進を掲げておきながら、できる社員がさっさと仕事を片づけて早めにオフィスを出ようとすると白眼視するような風潮も根強くありますが、経営者自らが率先してワークライフバランスを楽しんでいる企業は社員のワークライフバランス実現にも本気で取り組んでいるものだと、GMOの社員食堂を眺めながら感じました。

ワークライフバランスを重視するビジネスマンの中にはワイン党が結構いると第1章で書きましたが、私の見立てでは、熊谷さんもワークライフバランスをエンジョイしているビジネスマンです。

びっくりするのはワインを楽しむ際の徹底ぶりです。まずレストランでワインを飲むときはマイ・ソムリエナイフを持って行き、自分でワインを開けます。とくに非常に古いヴィンテージのワインを持ち込んだときは、ぼろぼろになったコルク栓を抜くのにソムリエが苦労するので、マイ・ソムリエナイフを使い自分で開けるそうです。また、マイ・ワイングラスを持ち込むこともあります。それだけではありません。専属ソムリエを連れて行くこともあります。

もちろんお金がなければできないことですが、しかし、たとえお金があってもそこまでやる人はまずいないでしょう。なぜそこまで徹底するのか熊谷さんに聞きました。答えはこうです。

「僕は相手の笑顔を見るのが一番楽しい。ワインは相手に喜んでもらうためのツールです。みんなでワインを飲んで楽しく過ごす時間を大切にしたいと思っています」

たしかに、ぼろぼろになったコルク栓を抜くのは一種の芸当です。目の前で見せられたら私も感嘆の声を上げてしまうでしょう。専属ソムリエによるサービスというのもなかなか経験できるものではありません。それだけでも場が盛り上がるのは必定です。熊谷さんと一緒にワインを飲んだことはありませんが、熊谷さんの主宰するワイン会はさぞ楽しく陽気なワイン会だろうと想像できます。

「大人の会話」もワインの場なら自然

楽しく陽気な飲み方をするのは熊谷さんに限ったことではありません。ワイン好きのビジネスマンに取材したり実際にワイン好きのビジネスマンと飲んだりして感じるのですが、みな飲み方が陽気です。

たとえば、元ソニーの出井さんもメンバーになっている日本取締役協会という団体があります。その中に親睦団体としてワインクラブがあるのですが、あるとき出井さんの提案で、男女とも参加者全員が着物を着てワインを楽しむというイベントを開きました。会場となった帝国ホテルにわざわざ着付け師まで呼ぶ力の入れようだったそうです。光景を想像するだけで楽しそうですが、実際、「楽しかった」と出井さんは話してくれました。同協会内には他にもさまざまな団体がありますが、出井さんによると、「どれも真面目な会でワインだけ特別」だそうです。

ワインを飲んで陽気になれば、さまざまな話題で盛り上がります。男女の話にもなるでしょう。ワインと恋愛は昔から切っても切り離せません。銀幕の世界でも『カサブランカ』から『タイタニック』にいたるまで名画と言われる恋愛映画には必ずと言っていいほどワインが登場します。フランス人のファッション・デザイナー、ココ・シャネルはかつてこう言ったそうです。「私がシャンパンを飲むのはどちらかのときだけ。恋しているときと、いないとき」。

シャンパンに「アンリ・ジロー」というブランドがあります。非常に個性的な味わいで日本にもファンが大勢います。その「アンリ・ジロー」のオーナー家族が来日した際に試飲会が開かれ、私も参加しました。みんなの前で現在の当主クロード・ジローさんがシャンパンやシャンパンの飲み方をいろいろなものにたとえて説明するのですが、面白かったのは、いかにもフランス人らしく、やたらと女性や恋愛にたとえるのです。たとえばこんな具合です。

「テイスティング（試飲）は急がないことが大切。美しい女性を相手にするときと一緒」

「ジェロボアムはレギュラーの4本分。愛を語るには多過ぎるかな」（ジェロボアムは通常の4倍の大きさのボトル）

参加者の中に女性がいるにもかかわらずというか、女性がいるからこそというか、とにかく楽しそうにそう話すのです。ワインを女性にたとえるなど、最近の日本では一歩間違えばセクハラ問題に発展しそうですが、こうした大人の会話も陽気にワインを飲みながらすると自然な感じがするから不思議です。もちろんそれには誰と飲むかも問題です。嫌な上司から酒席への同伴を強要され、その上に「きみの瞳に乾杯」などと耳元でささやかれた暁には、女性としてはワインを味わうどころではなくなります。

そうした問題をのぞけば多少の艶っぽい会話もまたワインの場を盛り上げてくれるのではないでしょうか。ワインはもともとイタリア、フランス、スペインといったラテン文化の中で育まれてきた、いわばラテン系のお酒です。1人静かに飲むのもワインの楽しみ方ですが、仲間とわいわい楽しみながら陽気に飲むのが一番合うのかもしれません。

第4章

楽しみが10倍広がる簡単ワイン講座

知らなくても美味しい、知ればもっと美味しい

私がワインのワの字も知らなかった頃の話です。詳しい経緯は思い出せないのですが、友人の女性とそのまた友人の男性と私と3人でワインバーに行きました。そのまた友人は金融系の会社に勤めていてワインエキスパートの資格を持っていました。

そのまた友人は、グラスにワインが注がれるとグラスを鼻に近づけ、ちょっと間を置いてから落ち着いた口調で「チョコレート、それからオレンジの香りもしますね」と誰に向かうともなく言いました。

私は思わず「えっ、ワインってチョコレートとかオレンジが入っているんですか」とそのまた友人に質問しました。きっとあまりにもバカな質問に呆れたのでしょう。そのまた友人は私の質問をスルーし、違う話を始めました。

私も今でこそシニアワインエキスパートという資格を持っていますが、最初はこんなものでした。初めからワインに詳しい人なんて誰もいないのです。

もちろんワインについて何も知らなくてもワインは美味しく飲めます。でもワインの知識があれば、より楽しい世界が広がります。ソムリエ並みに詳しくなる必要なんてありま

せん。基本的な知識を押さえているだけで楽しみ方がまったく違ってきます。たとえば、ワインショップに行ったとき自分でワインが選べるようになります。レストランでソムリエの説明を聞いて、香りや味のイメージを頭の中で描けるようになります。晩酌もより楽しくなります。さらには、売り手の宣伝文句を鵜呑みにして買って飲んでみたら大失敗、という痛い目にあうリスクも減ります。値段を見て「これ安いな」とか「ちょっと高いな」といった相場観もつかめます。つまり賢い消費者にもなれるのです。そうなるとワインを飲むのがますます楽しくなります。そうして徐々にワインにはまっていくのです。

ワインに詳しくなりたいと考えているビジネスマンは意外に多いと私は思っています。でも詳しくなる術《すべ》がなかなかないのです。仕事で忙しいのにわざわざワイン本を買って勉強するほどのことではないと考える人は多いでしょうし、ましてやワインスクールに通うようなビジネスマンは皆無に近いと思います。

そうしたビジネスマンのために、ワインを学ぶきっかけとして、ここでごく簡単なワイン講座を開きたいと思います。超基礎講座ですが、ワインについて最低限の知識は得られると思います。順番にお話ししましょう。

ワインは実は簡単に造れるお酒

造り方を知ることは重要です。ワインの教科書でもまっ先に出てくるのは造り方です。造り方を知れば、ワインというお酒のイメージをより鮮明に描くことができます。

ワインは簡単に造れるお酒です。ブドウを栽培し、実がほどよく熟したら収穫し、まとめてタンクに入れ、潰してジュース状にし、酵母菌を加えて発酵するのを待ちます。すると酵母の働きでブドウの糖分が化学反応を起こし、アルコールに変わります。これでできあがりです。もともとブドウの皮には天然の酵母菌が付着しているので、温度など条件さえ合えばブドウの果汁は自然に発酵を始めるのですが、それだけだと発酵が不安定なので人の手で酵母を加えるのです。もちろんいいワインを造るにはブドウの栽培から発酵にいたるひとつひとつの過程にものすごく手間をかけます。

またワインは熟成するお酒です。熟成は空気中の酸素がコルクを通して少しずつボトルの中に入り込み、その結果、ワインが酸化反応を起こして熟成が進むとされています。しかし熟成の詳しいメカニズムはまだわかっていません。

色で分類、アルコール度数で分類、用途で分類

ワインは非常に種類の多いお酒です。でも分類して覚えれば混乱することはありません。まず色で赤、白、ロゼに分けることができます。赤ワインは黒ブドウから造ります。皮が黒いから黒ブドウです。でも正確には黒というより紺や紫っぽい色です。赤ワインを造るときは通常、皮も実と一緒に潰して発酵させます。ワインの色が赤いのは皮の色なのです。皮にはポリフェノールがたっぷりと含まれています。ですから赤ワインは健康によいと言われるのです。皮には渋みの元となるタンニンも含まれています。白ワインは白ブドウから造ります。ロゼの造り方はさまざまです。黒ブドウの皮を発酵の途中で取り除いてワインの色をピンクにする場合もあれば、単純に赤ワインと白ワインをまぜて造る場合もあります。

スペインのシェリーやポルトガルのポートワインもワインの一種です。これらはワインに蒸留酒を添加してアルコール度数を上げるので、酒精強化（フォーティファイド）ワインとも呼ばれます。普通のワインのアルコール度数はだいたい11～14％ぐらいですが、酒精強化ワインは10％台後半から20％前後です。食後酒として重宝されます。

非常に甘口のワインもあります。代表は貴腐ワインとアイスワインです。貴腐ワインのブドウは、収穫前のブドウの皮に特殊なカビが発生し、その働きで糖分の凝縮した干しブドウのようになります。そのブドウを発酵させると非常に甘いワインができます。一方、アイスワインの場合は、ブドウの実を凍らせた状態で収穫します。するとやはり糖分が凝縮し、甘いワインになるのです。アイスワインはドイツやカナダのものが有名です。用途で分類するとデザートワインと呼ばれ、食後のデザートと一緒に飲むとよく合います。

スパークリングワインとシャンパンの違いは?

スティルワイン(非発泡性ワイン)とスパークリングワイン(発泡性ワイン)という分け方もあります。スティルワインは普通のワインの改まった言い方です。スパークリングワインは簡単に言えば、ブドウの糖分が化学反応でアルコールに変化する際に一緒に生成される炭酸ガス(二酸化炭素)を、そのままボトルに閉じ込めることでできます。実際にはもっと複雑な造り方のスパークリングワインもあれば、逆に、炭酸飲料を作る要領で後から炭酸ガスだけボトルの中に注入して造る安いスパークリングワインもあります。

シャンパンはスパークリングワインの一種ですが、普通、スパークリングワインとは言いません。シャンパンと名乗れるものは、フランスのシャンパーニュ地方で造られるものだけと法律で決まっています。またワイン好きは、シャンパンではなくシャンパーニュと呼びます。

シャンパンはスティルワインをボトルに詰めた後、もう一度、酵母菌と酵母菌の栄養となる糖分を入れてボトルの中で再発酵させます。瓶内二次発酵と呼ばれるこの複雑な工程がシャンパンの力強く華麗な泡を作りだすと同時に、トースト香などと呼ばれるシャンパン独特の風味を生むのです。シャンパンはヴィンテージがボトルに表記されていないのが普通です。シャンパンは通常、複数の年のワインをブレンドして造るからです。ヴィンテージによって味わいが異なるのがワインの特徴ですが、シャンパンに限れば同じブランドなら毎年、同じ味わいになります。そうなるようブレンドの段階で調整するからです。天候に恵まれてブドウの出来が非常によい年は、その年のブドウだけを使って造る場合もあります。それらはヴィンテージ・シャンパンと呼ばれ、値段も通常のノンヴィンテージ（NV）のものより高めです。

日本人はシャンパンが大好きです。日本のシャンパン輸入量はイギリス、アメリカ、ドイツ、ベルギーに次ぐ世界第5位で、輸入量も年々増えています。

しかしシャンパンは総じて値段が高いので、毎日飲むお酒というわけにはいきません。そこで最近はもっと値段の安いスパークリングワインの人気が高まっています。中でも注目は、スペイン産のスパークリングワイン「カバ」です。カバもシャンパンと同じ瓶内二次発酵方式で造られます。味わいの面ではシャンパンには劣りますが、コスパは非常に優れています。「カバ」はボトルにきちんと「CAVA」と表示されているので、すぐに見分けがつきます。

まずはブドウの品種で選んでみる

ワインの香りや味わいはブドウ品種や産地、ヴィンテージ、造り手の違いなどさまざまな要因によって変わってきます。しかし香りや味わいの違いが最もはっきり出るのは何といってもブドウ品種です。ですからワインを知るにはブドウ品種から入るのが最も手っ取り早く確かな方法です。

世界でワイン用に栽培されているブドウ品種はおびただしい数に上ります。しかし世界的な人気品種となると、数は非常に限られてきます。それらは世界各国で栽培されているので国際品種とも呼ばれています。日本に輸入されるワインも大半はこの国際品種です。つまり日本産のワインも最近は、日本固有の土着品種に代わって国際品種が増えています。つまり国際品種を知り、飲み比べれば、それだけでかなりワインに対する理解は深まります。

代表的な国際品種を紹介しましょう。

カベルネ・ソーヴィニヨン

ピノ・ノワールと並ぶ赤ワインの人気品種です。名前が長いので単にカベルネでも通じます。もともとはフランスのボルドーワインの主要品種ですが、現在はほぼ世界中で栽培され、とくにカリフォルニアやチリのカベルネ・ソーヴィニヨンは世界的に高い評価を得ています。味わいは重厚でタンニン（渋み）が豊富です。このタンニンが脂っこい肉料理に合うとされていますが、最近は飲みやすいワインが人気ですので、タンニンをあまり感じさせないタイプも増えています。

長期熟成にも向きます。とくにボルドーの5大シャトーなどトップクラスのワインは数十年かけて熟成します。素晴らしく熟成したカベルネ・ソーヴィニヨンの香りや味わいは、これが同じワインかと思うほどの違いを見せます。ただしあくまでいいワインに限ります。もともとたいしたことのないワインをいくら熟成させようとしたところで、単に風味が落ちるだけです。そういうワインは早めに飲むに限ります。

メルロー

カベルネ・ソーヴィニヨンと似ていますが、タンニンがカベルネ・ソーヴィニヨンよりまろやかで、全体に柔らかい感じの味わいです。やはりボルドーワインの主要品種ですが、ボルドーではカベルネ・ソーヴィニヨンとブレンドして使われるのが一般的です。カベルネ・ソーヴィニヨンとメルローをブレンドしたワインは、メルローの特徴が出てややまろやかな感じになります。

メルローを使った代表的なワインに、ボルドー地方の中のポムロルという地区で造られる「シャトー・ペトリュス」があります。美味しさも値段も5大シャトーに引けをとりません。

日本でも最近メルローの生産が増えています。日本産のメルローはワイン愛好家から高い評価を得ています。日本の土壌や気候がメルローの栽培に適しているのかもしれません。

ピノ・ノワール

ブルゴーニュの赤ワインの主要品種です。育てるのが比較的難しいと言われており、カベルネ・ソーヴィニヨンほど産地は拡大していませんが、それでも人気品種だけにカリフォルニアやその北に位置するオレゴン州、さらにはオーストラリアやニュージーランドなど産地が徐々に拡大しています。

非常に華やかな香りや味わいが特徴で、重厚なカベルネ・ソーヴィニヨンとは対照的です。ただしピノ・ノワールも栽培される場所によって香りや味わいに違いが出ます。カリフォルニアなど気候の温暖な場所のピノ・ノワールは一般に、酸味が控えめで果実味の強いどっしりとしたワインになります。逆にブルゴーニュなど冷涼な地域のピノ・ノワールは果実味と酸味のバランスのとれたワインが目立ちます。酸味がしっかりしているので料理と合わせやすいとも言われています。シャンパンの主要品種でもあります。

シラー

もともと南フランスのコート・デュ・ローヌ地方の赤ワインの主要品種です。世界各地で造られていますが、オーストラリアではシラーではなくシラーズと呼ばれています。濃厚な香り、味わいが特徴です。

シャルドネ

白ワインの代表品種です。非常に辛口です。世界各地で造られており、産地によって味わいが大きく変わります。一般に温暖な産地のシャルドネはより果実味の強いフルーティーなワインになり、冷涼な産地のシャルドネはより酸味やミネラルを感じるワインになります。白ワインの最高峰と言われるブルゴーニュの白ワインはシャルドネから造られます。ブルゴーニュの一部、シャブリ地区で造られる「シャブリ」もシャルドネです。ピノ・ノワールと並ぶシャンパンの主要品種でもあります。

ソーヴィニヨン・ブラン

もともとフランスのボルドー地方やロワール地方で造られる白ワインの主要品種ですが、やはり現在は世界のさまざまな国で栽培されています。ロワールなど冷涼な地域のものは非常にハーブの香りの強いワインになります。逆に温暖な場所のものはフルーツ感の強いワインになります。ニュージーランドのソーヴィニヨン・ブランは世界的に人気があり、日本にもいろいろな種類が輸入されています。

次は産地で選んでみる

品種の次にワインの味を決めるのは産地です。ワインの風味はブドウが育つ場所の気候や土壌にも大きく左右されるからです。またワインは造られた国の歴史や文化、国民性などにも影響される部分があります。だから産地は重要な情報なのです。産地による特徴の違いとは何でしょうか。

一般に、気候の温暖な産地はブドウが非常によく熟すので、できたワインは果実味の強いワインになります。ただしそれが一概によいこととは限りません。気温が高いと、ワインの味わいの大切な要素である酸味が失われるきらいがあります。酸味の乏しいワインは味わいのバランスが崩れ、あまり美味しく感じません。またブドウの実が熟しすぎると糖度が必要以上に高くなり、その結果、できたワインのアルコール度数も高くなります。アルコール感の強すぎるワインは料理と合いません。

気候の冷涼な土地で造られるワインは、酸味のしっかりしたワインになります。しかし一方で、ブドウが十分に熟さない可能性が出てきます。熟し方が足りないと果実味が弱くなり、これもまたバランスの悪いワインになってしまいます。

フランスワインから入ることを勧める理由

ワインの勉強のためにはまずはフランスワインから入るべきだと私は思います。理由は、なんだかんだ言って世界のワインの比較の基準となっているのはフランスワインだからです。ブドウの主要な国際品種の多くはもともとフランスで栽培されていたものです。それが後々、世界各地で栽培されるようになったにすぎません。

たとえばアメリカのカリフォルニアで造られるピノ・ノワールは果実味が強く酸味が控えめと先ほど説明しましたが、強いとか弱いとかいう表現は何かと比較しないと使えません。この場合の比較の対象は、いちいち断らなくてもフランスのブルゴーニュで造られるピノ・ノワールと決まっています。

ですからいろいろなフランスワインを飲んで主要な品種の香りや味わいを一通り理解して覚えれば、ほかの国のワインに関しても理解がスムーズに進みます。

またフランスワインは概ね、均質です。たとえば、「シャブリ」という白ワインがあります。「シャブリ」はブルゴーニュ地方の北端に位置する地区の名前ですが、同時にブランド名にもなっています。独特の石灰質の土壌で栽培されたシャルドネから造られる「シャブリ」は生ガキなど魚介類の料理と合うとされ、世界的に人気の白ワインです。「シャブリ」には多くの生産者がいます。もちろん造り手による個性の違いはありますが、どのワインも「シャブリ」の特徴が多かれ少なかれ出ていてワインとしてのレベルもほぼ一定です。いわば品質にばらつきがないのです。ですから安心して買うことができ、ワインの特徴を理解しやすいのです。

この背景にはフランスのワイン法があります。フランス政府はワインの品質維持のため、使用できるブドウの品種や単位面積当たりのブドウの収量、ブドウの木の枝の切り方など細かい規制を設け、生産者に順守を義務付けています。そうした規制をすべて守って造ったワインにのみ、「シャブリ」なら「シャブリ」と名乗ることを認めているのです。

同じようなワイン法はヨーロッパの他の国も採用していますが、フランスのように機能しているとは限りません。典型的なのがイタリアです。たとえば有名なイタリアワインの「キャンティ」は決められた造り方で造って初めて「キャンティ」を名乗れるのですが、同じブドウ品種を使って同じような造り方をしたにもかかわらず、造り手によってワインはピンキリです。これでは安心して買えません。実際、こうした理由で私はイタリアワインになかなか手が出せません。

ニューワールドワインはどう選ぶか

ワインの世界では、ヨーロッパの生産国に対して、アメリカやオーストラリア、ニュージーランド、南アフリカなどの生産国をニューワールド（新世界）と呼び、そうした国で造られるワインをニューワールドワインと呼びます。ニューワールドのワインは日本にもどんどん輸入されていますが、世界的にも人気が高まっています。

ニューワールドの国にはヨーロッパのような厳しいワイン法はありません。したがって生産者は比較的自由にワインを造ることができ、その結果、造り手による個性の違いが一段と大きく出る傾向があります。ですからニューワールドのワインを選ぶ際には、まず評判のよい造り手の名前を覚えるのも手です。

ヴィンテージはどこまで気にすべきか

ワインが他のお酒と違うところは、同じ造り手の同じブランドのワインでも、造られた年によって味わいに違いが出ることです。これをヴィンテージによる違いと言います。

ブドウを唯一の原料とするワインは、その年のブドウの出来、不出来に大きく左右されます。これが違いの出る理由です。具体的には、たとえば、ブドウを収穫する時期に雨が続くとブドウの木が水分を余計に吸ってブドウの実が水で薄められたような状態になります。こうした実から造られたワインは果実味の弱い味わいのワインになります。また生育期に天候不順で日照不足になるなどすると実が十分に育たず、やはりいまひとつの味わいになります。

世の中にはヴィンテージ・チャートというのが出回っており、たとえばボルドーワインは何年がよいヴィンテージで何年が悪いヴィンテージかが一目でわかります。

ただヴィンテージの違いによる味わいの違いというのは、ある程度ワインに詳しくないとわかりません。また気候の冷涼な産地は年による天候の違いの影響を大きく受けますが、温暖な産地はそれほどではありません。ですから、温暖な産地のワインに関してはそれほどヴィンテージを気にする必要はありません。

「繊細な味わい」「撥剌とした酸味」の意味とは？

グレープフルーツ、パイナップル、バナナ、アーモンド、バタースコッチ、チョコレート、杉、コーヒー、マッシュルーム……。これらはすべてワインの表現に使われる言葉です。しかもほんの一部に過ぎません。ワインの表現に使われる言葉の数はゆうに100を超えます。

そんなに種類があるのに、その中にブドウが入っていないのはなぜだと突っ込みを入れたくなりますが、まあそれは置いておいて、香りや味わいをいろいろな言葉で表現するのもワイン独特の楽しみ方です。

それにしても、私がワインのワの字も知らないときに勘違いしたように、なぜワインに入っていないはずのチョコレートやオレンジの香りがワインの中からするのでしょうか。答えは、香りを構成する物質が共通しているからです。たとえば、毎年11月になると大々的に宣伝されるフランスワインの「ボージョレヌーボー」は、バナナの香りがするとよく言われます。これは、完熟したバナナと「ボージョレヌーボー」に共通の香気成分が含まれているからです。

ワインの香りや味わいがさまざまな言葉で表現されるようになったのには歴史的な経緯があるようです。『ワイン・テイスティングを楽しく』（岡元麻理恵著、白水社）によれば、18世紀ごろにヨーロッパで高級ワインブームが起きたとき、ワイン好きにワインを売り込む必要性から、ワインの美味しさを伝える手段としてこうした表現が生まれたということです。

ワインの表現を知っていると、ワインを楽しむときの話題作りにもなりますが、それ以外にも便利なことがあります。

現代でもワインを売り込むときに香りや味わいに関するさまざまな表現が使われることがあります。たとえば「これは非常に繊細な味わいのワインです」と言うことがあります。本当に繊細で美味しいワインもたしかにありますが、繊細な味わいというのはしばしば「味が薄い」ということも言外に意味しています。売り手というのは基本的にワインに関して悪い表現は使いません。ですから「繊細」と表現するのですが、こちらが「繊細」の裏の意味を知っていれば、その「繊細な味わい」とうたわれたワインに簡単に手を出すようなことはしません。「このワインは潑剌とした酸味を感じます」というのも同じです。「潑剌」という言葉にはなんとなくよいイメージを抱きますが、ワインで「潑剌とした酸味」と言った場合は、かなり酸味が強いことを意味します。酸味の好きな人には美味しく感じられるかもしれませんが、酸味に慣れていない人はそんなワインを飲んだらレモンを生でかじったときのような酸っぱさを感じるかもしれません。

ワインとはかくも面白いものなのです。

もう少し勉強したい人のためのお勧め本

最後に、ワインのことをもう少し知りたい、勉強したいというビジネスマンのために、きっかけとなりそうな本を何冊か独断で選びました。本は読んだときに面白いと感じるからこそ、中身も頭の中に残ります。そうした観点から取捨選択しました。参考にしてください。

『神の雫』（作＝亜樹直、画＝オキモト・シュウ、講談社）

本書の中でも紹介したワインの漫画です。画もきれいですし、ストーリーが面白いので、楽しみながらワインの知識が身に付きます。ワインの楽しさ、奥深さも知ることができます。読むのでしたら、一巻から通して読むことをお勧めします。

『知識ゼロからのワイン入門』（弘兼憲史著、幻冬舎）

ご存じ、漫画「島耕作」シリーズの作者による本です。漫画ではありませんが、画を上手く使って説明しているので、読みやすくなっています。ある程度、体系的に学ぶこともできます。

『ワイン生活――楽しく飲むための200のヒント――』（田崎真也著、新潮文庫）

ソムリエ世界一の田崎真也さんが、Q＆A方式でワインの話を進めていきます。初心者が楽しく飲むための知識に主眼を置いているので、難しい専門用語はあまり出てきません。話し言葉をそのまま文章にしたような文体で、田崎さんのしゃべりを想像しながら読むと、さらに理解が深まるでしょう。また、この本を読むと、ワインは難しく考える必要が全然ないことがよくわかります。

『ロスチャイルド家と最高のワイン』（ヨアヒム・クルツ著、瀬野文教訳、日本経済新聞出版社）

ロスチャイルド家に興味があれば、非常に面白い本です。前半でロスチャイルド家の栄枯盛衰の物語を描き、後半でロスチャイルド家とワインのかかわりを展開しています。とくにボルドーワインについて詳しくなります。

『ワインと外交』（西川恵著、新潮新書）

毎日新聞で海外特派員を長く経験した著者による本で、興味深い一冊です。ワインに関するくだりは意外と少ないのですが、それが逆にワインの知識のない人でもすらすら読める内容となっています。外交の話も、小難しい話は一切なく、首脳会談などのエピソードが満載ですので、最後まで楽しく読めます。

『日本ソムリエ協会教本』（日本ソムリエ協会）

面白くはありませんが、ワインを本格的に、かつ手っ取り早く学びたいなら、最適の本です。教科書的な本はたくさん売られていますが、そういった本を何冊も買うくらいなら、この一冊を読めば十分です。ワインエキスパートなど資格試験の問題も基本的にこの本の内容から出題されます。

第5章

トップビジネスマンが語る仕事とワイン

ここに収録した5人のビジネスマンへのインタビューは、日本ソムリエ協会の機関誌『Sommelier』の企画として私が行い、同誌2011年11月号に掲載されたものです。日本ソムリエ協会とインタビューした本人たちの承諾を得たうえで、本書に転載しました。

インタビューの内容の一部はすでに引用し紹介していますが、インタビューの全文を紹介することで、できるビジネスマンがなぜワインにはまるのかを、より理解してもらえるのではないかと判断し、そうすることにしました。

なお、記事は日本ソムリエ協会の会員向けに書かれているので専門用語が多少含まれています。また内容は発行当時のものです。

大事なビジネスシーンを共にしたワイン
――出井伸之さん

フランス駐在中の窮地をワインが救ってくれた

「ソムリエ・ドヌール」の称号を持つ出井伸之さん。ソニーでは最高経営責任者（CE

O）まで上り詰め、その後も自分で会社を興し世界的な企業の役員に相次いで就任するなど、今なお第一線のビジネスパーソンとして世界中を飛び回る。そんな出井さんにとってワインはビジネスシーンに欠かせない大切な存在だとか。ワインとビジネスのマリアージュを語ってもらった。

Q　ワインとの出会いは。

A　仕事で20代の大半をフランスで過ごしました。フランスでは自然にワインを飲むじゃないですか。当時はワインの知識は全くありませんでしたが、ディナーではワインが必ず出されるので、どんどん飲みました。ソニーの駐在員でしたので、いろいろな人と飲む機会に恵まれました。ピエール・カルダンさんやデヴィ夫人、女優の谷洋子さん、マキシムのオーナーなどとよく飲みました。仕事というよりは遊びに近い感覚だったかもしれません。とにかく毎日のようにワインを飲む環境にいたので、意識しなくても自然にワインとのつきあいが深まりました。

Q　フランスとワインで特に印象深い思い出は何ですか。

Ａ　盛田（昭夫・ソニー共同創始者）さんと一緒にシャトー・ムートン・ロートシルトを訪ねたことがあります。１９７０年代の話ですが、フランスから帰任後、盛田さんから５月の休みにフランスにワインを飲みに行こうと誘われました。なんと会長の盛田さんと平社員の僕が一緒にフランスに旅行することになったんです。

ムートンではオーナーのフィリップ男爵と食事しました。実は盛田さんは酒が一滴も飲めない。僕はべろんべろんになって満足でしたが、盛田さんを見たらすごく白けた顔をしている。どうしたんですかと聞いたら、盛田さんのおじいさんだか曾おじいさんが昔、名古屋でワインを造ろうとしたらしいんです。ところがうまくいかなかった。盛田さんは、ワインが名古屋でできなくてフランスでできるのは、シャトーに何か秘密があるんじゃないかと考えたようです。ところがシャトーの中をいろいろと見せてもらったら、何も秘密めいたものがなくてがっかり。「やはり違いは自然の気候だけだった」と言っていました。そのときの食事のメニューとワインは今でも軽井沢の別荘に大切に飾ってあります。

Ｑ　逆にフランスでの苦労話は。

Ａ　フランスの社会って京都みたいなところがあって、確固とした殻の中に入っている。

京都に行って東京弁で話したら完璧に外国人扱いされますが、同じように、フランス社会に溶け込むのにすごく苦労しました。その窮地を救ってくれたのがワインです。

フランス人は食べ物にこだわるので、食事中、やはりワインの話になります。どんなワインが好きだとか、ある程度発言しないといけない。たとえば、どこどこのワインセラーを見に行ったとか、造り手のだれだれを訪ねたとか、そしてこのワインが目の前にあるのはこういう苦労をして買ってきたからだとか、蘊蓄ではなく個人的な経験やストーリーを披露します。そういう話がフランス人は大好きです。

フランス駐在中は、そうしたワインの話で場が盛り上がり初対面でもすぐに打ち解けることができたという経験が結構ありました。ワインはフランス社会に入るための取っ手というか、入口みたいなものです。

Q　欧米ではワインとビジネスが互いに身近な存在なのですね。

A　アメリカのゼネラルエレクトリック社のCEOだったジャック・ウェルチもワインが大好きです。ゴルフのマスターズが開かれるアメリカのオーガスタ・ナショナル・ゴルフクラブで一緒にゴルフをしたことがあるのですが、ウェルチが「今日はプレーの後でいいワインを飲もうぜ」と言って、クラブ内の会員限定のレストランに連れて行ってくれました。ワインリストを見るとどれも値段がすごく安いので思わず「これは安いな」と言ったら、ウェルチが「おまえよくワインがわかるな」と喜び、1982年のボルドーを注文しました。欧米の経営者はワインが好きですね。

こんな経験もあります。歌手のマライア・キャリーが来日したとき、彼女が宿泊しているホテルのレストランで2人きりで食事しました。行ってみると、なんと個室ではなく他の客から丸見えのテーブル。みなびっくりしていましたが、それはともかく、彼女は自分の好きなワインだと言って「サッシカイア」を用意していました。マライアとソニーの社長が食事するのですから、これも立派なビジネスです。実際、彼女からその場でビジネスの話を持ちかけられました。

京都人から課された品格テスト

Q　日本国内ではどうですか。

A　仕事でよく京都に行くのですが、京都でたくさん友達ができたのはワインのおかげです。以前、京都で開かれたパーティーに招かれたことがありました。東京の人間がどうやって京都の人たちの心をつかむことができるか考え、事前に主催者にだれがワイン好きか聞きました。パーティーでその人のところに行きワインの話を始めたら、話が盛り上がって、今度ワイン会を開くから来てくれということになった。後日ワイン会に行くと、京都のビジネスマン6人ぐらいの中に東京の者が1人。間もなくして主催者が「出井さん、好きなワインを酒蔵まで下りて持ってきていいですよ」と言うわけです。これは品格のテストだなとピンときました。「ロマネ・コンティ」なんか持ってきたら怒られるじゃないですか。なるほどこの人はワインの趣味がいい、と思われるようなワインを選ばなくてはいけない。

京都の成功したビジネスマンってワイン好きが結構多いのですが、中でも家業を継いだ経営者は本当にワインをたくさん持っています。そういう人の家でワインを飲むとき、「酒蔵から持ってきていいよ」と言われるのが一番辛い。選んだワインで仲間と認めるかどうかみたいな雰囲気がある。無事合格すると2回目も誘われるんですが、意地悪ですよね。いじめじゃないかと思いました（笑）。

また、全国の大企業の役員などが集まって企業統治を勉強する日本取締役協会という組織があるのですが、その中に親睦団体としてワインクラブがある。この前、帝国ホテルで開いたワイン会では僕の提案で、着物を着てワインを飲む趣向にしました。わざわざホテルに着付け師まで呼んで、楽しかったです。協会内にはほかにもいろんな会があるのですが、どれも真面目な会でワインだけ特別ですね。

Q　普段はどうワインを楽しんでいますか。

A　若いころフランスにいたのでボルドーやブルゴーニュは好きですが、この20年ぐらいはアメリカ西海岸のワインにはまっています。家では毎日ワインを飲んでいます。寝る前に飲むのが好きですね。

あと、いろいろな国に行ってその国のワインを買うのが趣味です。仕事柄よく海外に行きますが、必ず半日間のワイナリー訪問をスケジュールに入れます。たとえば、アルゼンチンには地元で消費するために輸出していないワインがあります。樽ではなくコンクリートの中で造るドブロクみたいなもの。それが飲みたくて。「どうもアルゼンチンには輸出していないワインがあるらしい。それ行け」というノリです。

Q　出井さんにとってワインって何ですか。

A　見果てぬ夢みたいなものですかね。ワインは奥が深いので、これでわかったということがない。新しいワインに出会うたび世界は広いなと感じます。最近は昔のようにワインに対する知識欲はなくなりましたが、本当においしいワインに巡り会ったときはうれしいですね。

仕事でもワインでも相手の笑顔を見たい
——熊谷正寿さん

本社受付ロビーに飾られた空きボトルの思い出

国内有数のインターネット事業グループGMOインターネットグループを率いる熊谷正寿さん。ネット系ベンチャー企業の中ではいち早く株式上場を果たした先駆的存在だが、名だたるベンチャー企業経営者仲間のワインの指南役となったのも実は熊谷さん。人を喜ばせるのが大好きという熊谷さんが語るワインへのこだわりとは。

Q　（2011年）6月に本社内にオープンした社員食堂GMO Yoursが話題ですね。金曜の夜はバーに衣替えし、ワインも飲めるとか。

A　社員の福利厚生の一環として作りました。ただし、やるからには最高のものを作りたいと考え、一流シェフが料理を作ることなどで有名なアメリカのグーグルの社員食堂などを研究し参考にしました。すべて無料で24時間営業にし、パンは隣接のホテルにGMOインターネットグループオリジナルのパンを焼いていただいています。また託児所も作ったのですが、社員食堂で子どもと一緒に食事できるように子ども用のイスも用意しました。

普段はカフェコーナーになっているカウンターが、金曜の夜はバーカウンターに変身します。カウンターの奥にビールサーバーも設置しました。ワインもあります。ワインは専属のソムリエがリストを作り、1カ月ごとに入れ替えます。僕も仕事の予定がないときは社員と一緒に飲んだりします。最初の一杯はビールを飲んで、その後はワインというパターンが多いですね。

Q　本社受付ロビーにDRC（ドメーヌ・ド・ラ・ロマネ・コンティ）の「エシェゾー」1961年の空き瓶が飾ってあるのも、非常に目を引きます。

A　グループ会社の1社が2008年12月に株式を上場した記念に、その会社の創業者の方たちと開けたワインです。ワインはGMOインターネットが東証一部に指定替えした際にその創業者から僕がプレゼントされたもので、いただいたときに、次はその会社の上場だね、上場したら一緒に飲もうと約束をしました。その約束のときにボトルにみんなでサインや寄せ書きをし、全員の記念写真を撮ったんです。そして上場を果たした記念にディスプレイとして写真とともに飾りました。

みんなで食事をしながらワインを飲んだり何かの記念にワインを開けたりしたときなど、全員にボトルにサインをしてもらって日付を入れてとっておきます。正直そのとき何を食べたかは覚えていませんが、ワインは瓶をとっておくことで楽しい思い出になります。自宅にはサイン入りのワインの空き瓶がごろごろしています。それをまた、ホームパーティーを開いたときなどにお客さんに見せて説明したりするのも、楽しいですね。

Q　そもそもワインにはまったきっかけは。

A　実家が飲食店などを経営していたので子どものころから周りにお酒がある環境でした。また父も母もお酒を飲めましたのでお酒は身近な存在でした。大人になって間もなくワインに目覚め、最初はマテウスロゼとか甘いワインから入門しました。今のようにはまったきっかけは、今から20年ぐらい前でしょうか。ある店でDRCを飲ませていただき、よく覚えていませんが、「ラ・ターシュ」か「リシュブール」だったと思います。衝撃でした。それまでワインは味だと思っていましたが、香りがすごかった。

以来、ブルゴーニュ一直線です。とくに赤が好きですね。おいしいし健康にもいい。シャンパンも好きです。よく飲むのは「クリスタル」。20年、30年たち泡が抜け切ったような古いシャンパンも好きです。なかなか手に入りませんが。

日本酒も焼酎、ウイスキーも好きで飲みますが、やはりワインが一番好きです。ワインは1本1本が全部違う。シャトーによって違うとか造り手によって違うとかというレベルの話ではなくて、保存状態によって違うし、グラスによって違うし、一緒に飲む人によっても違います。こんな飽きない飲み物はない。あとストーリーがあるじゃないですか。ワインは次の世代のために造っています。明日飲むために造っている酒じゃない。そういうロマンに浸ったり、造り手はどんな気持ちで造ったんだろうなどと考えたりしながら飲むのが楽しい。

脳にとって最高のリラクゼーション

Q　仕事で飲むことも多いのですか。

A　ほぼ毎晩、仕事で人と食事するので、そのときワインを飲みます。日本酒の好きな人と一緒のときは日本酒も飲みますが、普段はやはりワインが多いですね。

ソムリエナイフをいつも持ち歩いています。レストランに古いヴィンテージのワインを持ち込むこともあるのですが、店の人が古酒の扱い方を知らない場合もあります。そういうときは自分で開けたほうが早い。今持ち歩いているのはソムリエ世界一になったイタリア人のエンリコ・ベルナルドさんの名前を冠したシャトーラギオール社製のもの。普通はウッド製ですがこれはカーボン製で、今っぽくて気に入っています。開けるときはラベルの位置を動かさずに正面からきっちりと。たぶん素人の中ではワインの開け方が上手い方だと思います。

グラスにもすごく凝っています。グラスが一番ワインの味を変えますから。今一番気に入っているのはリーデル社のソムリエシリーズ。それを運ぶための専用バッグも持っています。毎回ではありませんが、徹底する場合には店にワインもグラスも持ち込みます。ワインは横浜港近くの輸入業者用の定温倉庫に2000〜3000本預けてあります。あまり数えたことがないので正確に何本あるかわかりませんが、どんどん買い増しています。

ワインやグラスを持ち込むのと一緒に専属のソムリエに同行してもらうことがあります。そこまでやらないとワインに失礼でしょ。次世代の人たちに飲んでもらおうと思って何十年も前に造ったものもあるわけじゃないですか。それをわけのわからないグラスでわけのわからない雰囲気で飲んではだめです。最高のコンディションで飲まないと。僕はそれを徹底しているんです。

Q　そこまでこだわるのはなぜですか。

A　実は老後は料理を習って、家族や友人のために料理を作りたいと思っています。仕事でもそうですが、僕は相手の笑顔を見るのが一番楽しい。その笑顔を引き出す一番の近道が料理だと思うんです。心がこもっていますし、時間を費やすわけですから、相手も必ず喜んでくれる。でも今は料理を勉強する時間もする時間もないので、ワインが相手に喜んでもらうための近道でありツールなんです。ですから、みんなでワインを飲んで楽しく過ごす時間を大切にしたいと思っています。

Q　熊谷さんをはじめネット系ベンチャー企業の若手経営者には、なぜかワイン愛好家が多いですね。

A 僕がワイン好きでみんなに飲ませているというのが、たぶん冗談ではなく本当の理由だと思います。この業界では僕がかなり早い時期に株式を上場しているので、先輩格。上場企業の先輩として後輩の経営者と一緒にご飯を食べるときは、ワインのある場所にご一緒します。みんな僕の影響でワイン好きになったと思います。

Q ワインの趣味が経営の仕事に役立つことはあるのでしょうか。あるとすればどんなことですか。

A 経営者はゆとりが大事です。事業で何か問題に直面しているときもそうでないときも、頭の中が張りつめた状態だったら良いアイデアはひらめかない。アイデアって緩んだ瞬間にひらめくことがあるじゃないですか。ワインも頭が張りつめた状態では飲みませんよね。実際、ワインを飲みながら人と話していてひらめいたことが何度もありました。飲みすぎるとみんな忘れちゃいますけど。

いい音楽を聞いていい友達といいワインを飲んでいるときが、脳にとって最高のリラクゼーションではないでしょうか。ワインとは肝臓と財布が続く限り末永くおつきあいしたいですね。

ワイン造りはコンテンツ産業
——辻本憲三さん

世界的なゲーム制作会社カプコンの会長でありながら、アメリカのナパ・ヴァレーで当地でも最大級の規模の敷地にワイナリー「ケンゾー エステイト」を所有する辻本憲三さん。3年前のファースト・リリースに続き、2010年、東京都内にワイナリー直営のバー・レストランをオープン。さらに2011年9月には大阪に2号店を出すなど、積極果敢な仕掛けが目立つ。ワインにかける情熱と意気込みを聞いた。

対極だからこそ結びつくITとワイン

Q　ワイナリー経営は軌道に乗りましたか。

A　現在、ボトル換算で年間約10万本のワインを生産しています。すべてボルドータイプですから、赤はカベルネ・ソーヴィニヨンとメルローがベース。白は（ナパ・ヴァレーに多いシャルドネではなく）ソーヴィニヨン・ブランです。アメリカで富裕層向けの雑誌があり、いろいろな分野のベスト・オブ・ベストを選んでいるのですが、先日、ワイン部門で「ケンゾー エステイト」のワインが選ばれ、うれしかったです。

ただ必ずしも初めから順風満帆だったわけではありません。1998年にぶどうの苗を植え、2001年に初めての収穫を迎えましたが、直後に14万本のぶどうの木を全部植え替えました。それなりのワインはできたのですが、トップクラスの質ではないと判断したからです。いちからやり直しでしたが、妥協はしたくありませんでした。

並行して「コルギン」や「ブライアント・ファミリー」の畑の責任者である著名栽培家のデイビッド・アブリュー、「スクリーミング・イーグル」などを手掛けた人気醸造家のハイディ・バレットを招き、あらためて世界一の品質を目指し始めたのです。

Q　もともとゲーム制作会社の経営者である辻本さんにとってワイナリー経営は文字通り畑違いに思えますが、躊躇《ちゅうちょ》はありませんでしたか。

A　実はゲーム制作もワイン造りもまったく一緒です。両者ともエンゲル係数には入っていません。つまり人が生活していく上で必要不可欠なものではないのです。人は着るものがないと風邪をひきます。食べるものがないと死んでしまいます。寝るところがないと暮らしていけません。それに対しワインやゲームはなくても困りません。でも、あったら本当に楽しいという世界なのです。

だからこそ、いい加減なものを造っていては売れない。世界一を目指してやらないとビジネスとしては成功しません。「ケンゾー　エステイト」の従業員は皆、自分のところのワインを飲むときは、必ずテイスティングしてから飲みます。そうやって味の変化を感じとるのです。私は、仕込んだワインの味がおかしいと思ったら売るなと指示しています。

Q　ゲームや映画など映像系エンタテインメントの業界には、コンテンツ・イズ・キング（コンテンツこそ王様）という格言があります。売れるか否かはクリエーターがいかに良質のコンテンツ（＝ソフト）を作るかにかかっているという意味ですが、ワインにも似たようなところがあるのではないでしょうか。

A　まさにその通りでワインはコンテンツ産業です。実際にワイン造りに携わっている人たちは、醸造家にしても栽培家にしても、皆クリエーター。ある程度上のレベルのワインだと特にそう。農作物を作るというよりは、クリエイティブな仕事をしているという感覚です。こういうレベルのワインになると素人が造ろうとしても造れるものではない。クリエーターに頼らないと素晴らしいワインはできません。

値段で言えば5万円以上するワインはコンテンツだと思います。そういう価値観を持たないと、なぜ1本50万円とか100万円もするワインがあるのか理解できない。

Q　今やゲーム制作はIT（情報技術）ビジネスとも言えますが、アメリカでは辻本さんのようにITビジネスで成功を収めた経営者がワイナリー経営に乗り出す例が珍しくありません。自然の賜物であるワインと現代社会を象徴するITとは対極の関係にあるように見えますが、何が両者を結び付けるのでしょうか。

A　人間の中には、常にバランスをとりたいという本能のようなものが絶対にあると思います。たとえば厳しいビジネスの世界に毎日身を置いていたら、たまには自然に囲まれてゆっくりしたいなど。生き馬の目を抜くアメリカのIT企業の経営者も、引退後は田舎で親しい人たちにワインを振る舞いながら静かに暮らしたいと考えている人が多い。自然の象徴であるワインが自然に飢える多忙なビジネスマンを引きつけるのではないでしょうか。

「ケンゾー　エステイト」のワインを小売店に置かない理由

Q　現在の世界のワイン市場を見渡すと、たとえば中国では高級ワインが飛ぶように売れていると聞きます。対照的に日本は景気がなかなかよくならず、ワイン市場も一時の勢いがありません。ワイナリー経営者として市場の現状や今後をどう見ていますか。

A　中国は発展途上国です。ですからワインの売上高も急速に伸びている。バブルの世界です。日本もかつてはそうでした。しかし市場が成熟したら、そんなことはもはや起きません。つまり日本は不景気でもなんでもなく、アジアで初めて成熟した文化国になったということなのです。アメリカやヨーロッパと一緒。中国も20年後にはそうなりますよ。ですから日本のワイン市場を悲観する必要はまったくありません。

問題はそうした市場の成熟に多くの売り手が対応できていないことです。たとえば今、高級レストランでも10万円以上のワインを飲む人って何人いますか。バブルの時代ならいざ知らず、そうした高いワインは今や、ワインリストには載っていても単に店の飾り物になってしまっている。ワインは飲むものです。飾りや在庫にしていても意味がありません。

飲める価格にしたら客もどんどん飲みますよ。レストランで10万円以上のワインなんて、僕だってめったに飲みません。それなりの値段で美味しいワインが飲めれば、客も満足します。客は店を出るときに払うお金で満足したかどうかを決める。つまり価値観を決めるのは客です。それを店側が勝手に価値観を決めてしまうと、「なんやこんなつまらんもん、こんな値段で出して」ということになる。

Q　売り方に問題ありと。

A　そうです。たとえばアメリカではレストランでハーフボトルがよく売れます。2人連れとか1人の客が多いからです。レストランでのハーフボトルの値段はだいたいフルボトルの65％が相場ですが、「ケンゾー　エステイト」のハーフボトルはフルボトルのちょうど半分の値段で出すようにしています。日本のレストランでも、グラス売りをしていただくときには、抜栓のリスクが高いフルボトルより、効率的に活用できるハーフボトルをお薦めしています。

また、「ケンゾー　エステイト」のワインは、3年前にファースト・ヴィンテージをリリースして以来、小売店には置いていません。当時から、まだまだ生産量が限られていましたので、小売店1軒に置ける本数はごくわずかになってしまい、普通の人が手を出せないほど価格が釣り上がってしまうこともあるからです。それならグラス売りでも何でも適正な価格で直接販売し、できるだけ多くの人に飲んでもらい、美味しいな、うまいなと感じてもらいたい。そういう方針でずっと展開しているのです。

Q　話を聞いているとワインに対する情熱がひしひしと伝わってきますが、辻本さんにとってワインって何ですか。

A　（少し考えて）美味しい飲み物。僕はまんじゅうが大好きですが、毎日食べたら体に悪いんじゃないかという気がしますけど、この赤ワインだったら毎日飲んでも体に害もなく、健康でいられるのです。

ワインで仕事も趣味も広がった
——本田直之さん

取締役や投資家として多くの企業の経営にかかわるかたわら、ビジネス書のベストセラー作家としても有名な本田直之さん。実はワインアドバイザーの資格を持ち、ワインスクールの講師も務めるかなりのワイン通でもある。そんな本田さんは「ワインに詳しくなったことが仕事や趣味の幅を広げた」と自らの経験を語り、「ワイン通のすすめ」を説く。

ワインの知識は世界の共通言語になる

Q　ベストセラー「レバレッジ・シリーズ」の中の『レバレッジ人脈術』（ダイヤモンド社）では、「人に教えることができるものを持て」と説き、例としてワインを挙げています。ワインに詳しいことは人脈作りの上で有効ですか。

A　ワインについて体系だった知識を持っていると、とくに海外でワインの人脈を広げたいときに役立ちますね。僕は1年の半分以上をハワイで過ごしていますが、ハワイでソムリエとして最も尊敬されているチャック・フルヤというマスター・ソムリエと親しくなれたのも、僕がワインアドバイザーの資格を持っていたからです。ほかにもいろいろなワイン関係者と親しくなりましたが、やはり資格の影響が大きい。ワイン人脈が広がったことでさらにワインに詳しくなり、役員をしている会社の経営にもプラスになったし、個人的にもワイン関係の仕事が増えました。

そもそもワインアドバイザーの資格を取ろうと思った動機のひとつも、人脈作りに役立つと考えたからです。

ワインが好きというのに加えて知識もあると、相手と話が合う。いわば共通言語ですね。極論を言えば、外国に行って現地の言葉がわからなくても、ワインのことだったら伝えたいことを表現できる。日本にいてももちろんそうなのですが、海外に行ったときにワインをきちんと勉強しておいてよかったなと思うことが多いですね。

Q　ワインアドバイザーということは、何かワインを扱う仕事をしているのですか。

A　もともとは、20代半ばにアメリカのビジネス・スクールに留学し、経営学修士号（MBA）を取得しました。帰国してからは外資系金融機関などで働いた後、営業支援の事業を手掛けるベンチャー企業に出資して常務として経営に参加し、最終的にはジャスダックに株式を上場させました。そのころから飲食関係の企業のコンサルティングをしたりアドバイザーを務めたり、あるいはそうした企業に出資したりするようにもなりました。飲食関係だと当然ワインも扱うので、それでワインアドバイザーを受験したわけです。

現在は、役員を務めている企業が8社、顧問が2社、そのほかに出資だけしている企業もあります。役員をしている企業の中でレストラン業務を手掛けている企業が2社、出資だけしている企業の中にもレストラン関係の企業が1社あります。ですからワインの知識があることは仕事上も役立ちます。

Q　プライベートでのワインとのつきあいは。

A　ワインにはまったきっかけは、やはりアメリカ留学です。ワイン好きのアメリカ人の友達とカリフォルニアワインをよく飲んだのですが、それまで美味しいワインをあまり飲んだことがなかったので、ワインって美味しいんだって初めて知りました。帰国してからも、しばらくはカリフォルニアワインばかり飲んでいましたね。

ただし、今はプライベートで飲むのは主にブルゴーニュとシャンパーニュです。でもハワイではいいブルゴーニュがなかなか手に入らない。気候的に赤ワインがあまり合わないという理由もあり、ハワイではもっぱらニュージーランドのソーヴィニヨン・ブランを飲んでいます。

いま注目の「カリテプリワイン」とは？

Q　本田さんも含めて経営者の中にはブルゴーニュワインの好きな人が多いですね。

A　ワインってなかなかわかりにくい。僕は日本酒も焼酎も大好きですが、どちらもわかりやすい。名前が日本語なので覚えやすいし地理的な情報も頭に入っている。それに比べるとワインは名前が外国語で、世界のさまざまな国で造られていて、しかもものすごく地域性がある。非常にわかりにくい。

その最たるがブルゴーニュだと思うんです。同じフランスでもボルドーは、5大シャトーね、とか比較的わかりやすい。ブルゴーニュは畑だけわかっていても全然だめだし、造り手もわからないといけないし、しかも手に入りにくい。ヴィンテージによる差も大きい。すごくわかりにくいし、奥が深い。

でも、だからいいんだと思います。経営者ってみな知識欲が強い。好奇心も強くないとビジネスでは成功しない。だからわかりにくく奥が深いブルゴーニュにはまるんだと思います。

それからもうひとつ、経営者がワインにはまる理由は、僕もそうですが、やはり経営者になると人と会う機会が増える。どうせ会うならおいしいレストランでということになり、飲み物は自然とワインになる。とくに若い世代の経営者はワイン派が多いのではないでしょうか。レストランで飲むワインは家で飲むワインとはまた違う。そうやってだんだんワインにはまるんだと思います。

Q 現在アカデミー・デュ・ヴァンで「カリテプリワイン」というコースを教えているそうですが、カリテプリって何ですか。

A カリテプリはフランス語です。英語で言うとクオリティー・アンド・プライス。つまり価格に見合った、もしくはそれ以上のバリュー(価値)のあるワインということです。たとえば、バリューワインというと1000円とか2000円ぐらいで美味しいワインを一般に指しますが、カリテプリは1万円前後ぐらいまでの値段でよりバリューを感じられるワインを想定しています。いくら美味しくてもべらぼうに高いのはカリテプリではありません。この1万円前後ぐらいまででバリューを感じられるワインって、なかなか見つけるのが難しいと思うんですね。

値段が高くて美味しいいわゆる「わかりやすいワイン」もいいですが、それ以上にいいワインって実はたくさんある。ハワイに住んでそのことに気づきました。さきほどのチャック・フルヤのVinoというレストランに行くと、ワインリストは見開き分しか作っていない。一番高いもので100ドルぐらい。あとは毎回彼と話をしながら、彼が「お前にはこれがいいんじゃないのか」と言って1本選んでくれるのですが、それがいちいち美味しいうえに価格がリーズナブル。こいつはすごいなと感動しました。その体験から、僕もこういうワインを見つけられたらすごく楽しいな、こういうワインをみんなに伝えることができたらいいなと思うようになり、それがカリテプリワインのクラスにつながったんです。

時代の流れにも合っているように思います。日本でもリーマンショック後は高いワインがあまり売れなくなった。しかし、それ以前が幻想だったとも言えます。お金もだぶついていたし、金融業界や外資系の人たちがバンバン高いワインを開けていました。今は、リーマンショック前にわかりやすいワインを飲んでいた人たちも含めて、みんな地に足が着いてきて、本当に価値のあるワインを美味しく飲みたいという層が増えてきているのではないでしょうか。

Q　授業の反応はどうですか。

A　おかげさまで毎回すぐ定員に達し、空席待ちの状態です。授業ではカリテプリワインの探し方を話したり、僕が飲んできたカリテプリワインを紹介したりしています。でも生徒の平均年齢が比較的高くワインに詳しい人たちばかりなので、教えるほうも大変ですね。

今季のコースは10月から始まったのですが、なぜか同じデュ・ヴァンの先生も僕の授業を受けていて、非常にやりにくいです（笑）。

まだ開けてはいけないブルゴーニュ
——前澤友作さん

30代半ばにして、運営する「ZOZOTOWN」を国内最大級のファッション通販サイトに育て上げたスタートトゥデイ代表取締役の前澤友作さん。日本でいま最も勢いのある若手経営者の1人だが、ワイン愛好家としても型破りのスケールを見せる。その前澤さんのワインを見る目は、元ミュージシャンという異色の経歴同様、とてもユニークだ。

コレクションのルーツはキン肉マン消しゴム

Q　かなりのコレクションがあると聞きましたが。

A　現在は4000本ぐらいです。昔から気に入ったものは何でも集める癖がありました。それこそ、キン肉マン消しゴムを集めたりとか、ビックリマンチョコのシールを学年で一番持っていたりとか、とにかくこだわると何でも深く追求する性格です。そもそも創業のきっかけも、自分で集めたものすごい数のレコードやCDの一部を売り出したところから始まりました。趣味が高じて今にいたっています。

ワインも集めている最中です。4000本はあちこちの倉庫に分散して預けていますが、いま自宅の地下にカーヴを作っています。6000本から7000本ぐらい入る設計で、テイスティング用のテーブルやバーカウンターも作る予定です。買ったワインはすべてデータベースで管理しています。ワインは置いておくだけで楽しいですね。

いまちょうど予約した2009年ヴィンテージの入荷待ちです。2009年は当たり年と聞き相当数買いました。子どもの生まれた年が2009年なので、子どもが20歳になったときのことも考え、ボルドーはそれなりのところは全部ダース単位で買いました。

Q　ワインにはまったきっかけは何ですか。

A　これというきっかけはありませんが、行く先々のレストランで知り合いの社長や友達の社長が注文するワインの中にすごく美味しいのがいっぱいあって、最初のうちは「ああ美味しいな」で終わっていましたが、そのうちにこれはどこの何ていう銘柄で何年のヴィンテージで、などと聞くうちに奥が深いんだと思うようになりました。それで自分でも調べ始める一方、さらに美味しいワインを飲ませてもらい、だんだんはまっていきました。つまり仕事の付き合い上、飲むようになったのがはまったきっかけですね。5、6年前の話です。

さらに2、3年前のことですが、一度は飲んでみたいと思っていた「ロマネ・コンティ」を念願かなって飲む機会がありました。それを境にさらにワイン熱が高まり、自分でも積極的に集めたり飲んだりするようになりました。

Q　ふだんはどれくらい飲みますか。

A　平均1日1本飲みます。もっぱらフランスワインですね。夏は白も飲みますが、どちらかと言えば好きなのは赤です。1年間で365本飲むとすると、そのうち200本がブルゴーニュの赤で100本が白。残り65本ぐらいがボルドーですね。でもボルドーと言ってもカベルネ・ソーヴィニヨン100%とかはまず飲みません。メルローが入っていないと僕には強すぎる。イタリアやカリフォルニア、他のニューワールドもたまに飲みますが、あまり印象に残りません。やはり好きなのはピノ・ノワール。あの香りがいいですね。

Q　かなりのワイン好きのようですね。

A　好きですね。ワインの何から何まで好き。職人がもともと好きなので、造り手の話を聞くのが好きですし、ボトルのエチケットやデザインも好きです。コルクのデザインを見て恰好いいとか悪いとか勝手に評価して楽しんだりもします。とくに好きなデザインのコルクやボトルは捨てずにとっておきます。エチケットをボトルから外すのは好きではないのでボトルごと置いてあります。ボトルの造形とラベルのバランスとかは、僕の中では一体化した1つのデザイン。眺めていて美しいなあと思います。

Q　どんなデザインが好きですか。

A　結局、自分が美味しいと思うワインのデザインがよく見えたりするから偉そうには言えませんが、最近好きなのはベタですがDRCですね。ラベルというよりはフォントが好きなんですよ。字体が。あのフォントが何というフォントなのか調べてみたいぐらい絶妙なフォントです。

ワイン造りのすべてを五感で確かめたい

Q 若手経営者仲間とよくワイン会を開いているそうですが、どんな会ですか。

A いろいろな会があります。カジュアルな会もありますし、年に何回か開く改まった会もあります。仕事の話は全くせずにワインを楽しみます。

ただ、コミュニケーションのツールとしてのワインの役目ってすごく大きいと思いますね。なぜですかね。不思議ですね。お酒は何でも飲みますが、ワインを飲みながらする話って日本酒などほかのお酒を飲んでいるときは出てこない。たとえば、このワインを女性にたとえると、とか、これを仕事で言うと、といった話で盛り上がります。ワインっていろいろなものにたとえることができるのが不思議です。香りや味わいで情景が浮かんでくるからでしょうか。

Q スタートトゥデイの業績は飛ぶ鳥を落とす勢いですが、かつてCDコレクションの趣味が高じて会社を興したように、ワインのコレクションが高じてネット上でワイン販売に乗り出そうとか考えませんか。

A 基本的にはビジネスの戦略上、2番手、3番手は好みません。だれもやってないところに挑戦していくというスタイルでずっとやってきていますし、ワインのネットショップはたくさんあるので、いまさら僕らがやる必要は感じません。すでにすばらしいワインショップはいっぱいありますよ。オーナーのコメントひとつにせよ取り扱う種類にせよ、本当に好きな人がやっているワインショップってわかりますよね。ワインはあくまで趣味として楽しみたい。

Q　ワイン産地を訪ねることが当面の夢だそうですが。

A　そうなんですよ。本当は今年の夏に行こうと思ったんですが、結局行けませんでした。来年はぜひ行きたいですね。行くんだったらやはりフランスに行きたい。それもブルゴーニュ。「ロマネ・コンティ」は中は見せてくれないらしいのですが、畑の中の十字架は見たいです。

Q　ワイン産地に行ったら何をしたいですか。

A　全部見たい。畑もカーヴも。そもそもワインがどうやって造られるのか全部把握していないので、全工程見るのは難しいでしょうけれど、一部でも見てみたいですね。あと土とか触ってみたい。テロワールだなんだと言っても、実際に行ったことがないので感じようがない。やはり自分の五感で確かめてみたいです。

Q　特に好きな造り手はいますか。

A　その時々で変わりますが、最近はエマニュエル・ルジェとかよく飲みますね。「ロマネ・コンティ」もそうですが、3、4年前ぐらいにアンリ・ジャイエの「クロパラントゥ」を飲んだときの感動が結構ぼくの中に残っていて、ジャイエつながりでルジェも好きになりました。やはりジャイエつながりで、メオ・カミュゼも結構好きです。硬い神経質な感じがいいですね。

Q　今のご自身をワインにたとえると。

A　まだ開けてはいけないブルゴーニュですよね。まだまだ未熟で、酸味も強いし、角もたっているしみたいな。仕事上でも、やりたいことがたくさんあって現状には満足していないので。それに僕自身、けっこう神経質なところがあるので、そういう意味でもブルゴーニュの造り手には共感できます。あまり利益ばかりを追い求める商業主義でないところも好きですし、頑固でこだわりがあるところもいい。ブルゴーニュのそういうところにすごくシンパシーを感じます。

Q　いつごろ開けられますか。

A　20年ぐらいは寝かせたいですね。

おわりに

第1章でも触れましたが、私が今回インタビューしたビジネスマンの1人本田直之さんと知り合ったのは、当時、私が住んでいたロサンゼルスで開かれた小さなワインイベントの会場でした。

本田さんはその頃すでに日本で大活躍していましたが、アメリカにいて日本の事情にうとかった私は本田さんのことはまったく知りませんでした。主催者から直前に「ビジネス書のベストセラー作家です」と教えてもらったときも、私は「ふうーん」という感じでした。本田さんは会場に姿を現したときもTシャツ姿のラフな恰好で、私は正直、「この人、本当にビジネス書、書けるの？」と疑惑のまなざしだったのです。ところが挨拶を交わしてワインの話題に移った瞬間、１８０度変わりました。

本田さんはとてもワインに詳しく、会話はまさに「打てば響く」という感じで瞬く間に盛り上がりました。さらに本田さんはワイン以外の話題も豊富で、最初の軽薄なイメージは完全に消え、私はいつの間にか「この人、カッコいいなあ」と思うようになっていたのです。

もし私がワインに興味がなかったら、このワインイベントには参加していなかったでしょうし、本田さんと知り合うことも永遠になかったに違いありません。そしてこの本も生まれていなかったでしょう。なぜなら私は本田さんと話していて、なぜできるビジネスマンはこんなにもワインが好きなのだろうかと、ふと思ったからです。かりに別の何らかの理由で私がこのワインイベントに参加したとしても、ワインという共通の話題がなかったら本田さんとは名刺交換しただけの間柄で終わっていたと思います。「ワインはコミュニケーションのツール」とこの本の中でさんざん書いてきましたが、それは私の実感でもあるのです。

本田さんに限らず、今回ワインの取材をしたビジネスマンはみな超多忙な人たちばかりです。しかもワインの話なんて、ワイナリーを経営しているカプコンの辻本さんを除けば、自分のビジネスとは基本的に無関係の話です。にもかかわらず、みな取材のために快く貴重な時間を割いてくれました。中には、急な仕事が入って一度、取材の約束をキャンセルしたものの、別の取材日を改めて設定してくれた人も何人かいました。実はこうしたことこそが、今回の取材で私が一番驚いたことでした。私も長年ジャーナリストをしているので、この取材はきっと受けてくれるだろうとか、これは取材拒否されるかもしれないとか、取材を申し込んだ時点でだいたいわかります。今回のビジネスマンへの取材はダメ元で申し込んだのですが、断られたケースはびっくりするほど少数でした。やはりみなワインについて語りたいのです。いや、ワインが人をして語らせるのです。ワインとはそれだけ不思議な魅力というか魔力を持っているのです。そう思わざるを得ません。

そして私も、そうした不思議な魅力や魔力を持つワインに感謝せざるを得ません。ワインがなければこれだけ素晴らしいビジネスマンに直接、話を聞く機会は得られなかったと思うからです。できるビジネスマンの話というのは、ワインの話にしてもワイン以外の話にしても、聞いているだけで大変勉強になります。

この本を出すにあたり取材を含めていろいろな人にお世話になりました。この場を借りて改めてお礼を申し上げます。

お世話になったすべての方の名前をここで申し上げることは紙幅の都合上できませんが、どうしても名前を挙げておきたい人がいます。日本ソムリエ協会の機関誌『Sommelier』の女性編集長、佐藤由起さんです。

そもそも今回の出井さんや辻本さんなどへのインタビューは、『Sommelier』の企画として佐藤さんがＯＫを出してくれなかったら実現しませんでした。忙しいビジネスマンが取材に応じてくれたのも、日本ソムリエ協会という後光のお蔭があったからだと思います。佐藤さんには多くの取材に同行してもらいました。私のぶしつけな質問が続いて場の空気が凍てつくと、すかさず飛び切りの笑顔と明るい声で質問を挟み、場を和ませてくれました。あるビジネスマンはインタビューの間、私ではなくずっと佐藤さんを見て答えていた気がします。

佐藤さんも今ではすっかり飲み仲間です。思えば私も、ワインにはまるようになってからずいぶんと飲み仲間、もとい、人脈が広がりました。私は別にワイン業界の回し者ではありませんが、ワインって本当に、美味しく、楽しく、そして不思議なお酒だと思います。

最後に、執筆に際していろいろとアドバイスをくださった幻冬舎の小木田順子さんに深くお礼を申し上げます。

乾杯。

２０１２年８月

猪瀬　聖

著者略歴

猪瀬聖

いのせひじり

一九六四年栃木県生まれ。

ジャーナリスト、日本ソムリエ協会認定シニアワインエキスパート。

慶應義塾大学法学部卒業。米コロンビア大学大学院（ジャーナリズム・スクール）修士課程修了。

日本経済新聞東京編集局生活情報部で消費者問題、女性と仕事、食、ライフスタイルなど幅広いテーマを取材。

二〇〇四年から〇八年まで日本経済新聞ロサンゼルス支局長。

著書に『アメリカ人はなぜ肥るのか』（日経プレミアシリーズ）がある。

幻冬舎新書 275

仕事ができる人はなぜワインにはまるのか

二〇一二年九月三十日　第一刷発行

著者　猪瀬聖
発行人　見城徹
編集人　志儀保博
発行所　株式会社　幻冬舎
〒一五一-〇〇五一　東京都渋谷区千駄ヶ谷四-九-七
電話　〇三-五四一一-六二一一（編集）
　　　〇三-五四一一-六二二二（営業）
振替　〇〇一二〇-八-七六七六四三
ブックデザイン　鈴木成一デザイン室
印刷・製本所　株式会社　光邦

検印廃止

Printed in Japan　ISBN978-4-344-98276-5 C0295
い-20-1

幻冬舎ホームページアドレス http://www.gentosha.co.jp/
＊この本に関するご意見・ご感想をメールでお寄せいただく場合は、comment@gentosha.co.jp まで。

幻冬舎新書

本田直之
レバレッジ時間術
ノーリスク・ハイリターンの成功原則

「忙しく働いているのに成果が上がらない人」から「ゆとりがあって結果も残す人」へ。スケジューリング、ToDoリスト、睡眠、隙間時間etc.最小の努力で最大の成果を上げる「時間投資」のノウハウ。

山本ケイイチ
仕事ができる人はなぜ筋トレをするのか

筋肉を鍛えることは今や英語やITにも匹敵するビジネススキルだ。本書では「直感力・集中力が高まる」など筋トレがメンタル面にもたらす効用を紹介。続ける工夫など独自のノウハウも満載。

小笹芳央
「持ってる人」が持っている共通点
あの人はなぜ奇跡を何度も起こせるのか

勝負の世界で〝何度も〟奇跡を起こせる人を「持ってる人」と呼ぶ。彼らに共通するのは、①他人②感情③過去④社会、とのつきあい方。ただの努力と異なる、彼らの行動原理を4つの観点から探る。

出井伸之
日本大転換
あなたから変わるこれからの10年

日本は都市のインフラづくりの分野で独自の力を発揮すべきだ。政官民学が一体となって日本の省力化技術を新たな輸出産業として育てれば、内需・外需刺激と地方活性化を促す日本復活の鍵となる。

幻冬舎新書

竹内健
世界で勝負する仕事術
最先端ITに挑むエンジニアの激走記

半導体ビジネスは毎日が世界一決定戦。世界中のライバルと鎬を削るのが当たり前の世界で働き続けるとはどういうことなのか？　フラッシュメモリ研究で世界的に知られるエンジニアによる、元気の湧く仕事論。

平林亮子
お金が貯まる5つの習慣
節約・投資・教育・計算そして感謝

「タバコを吸わない」「宝くじを買わない」「食事はワリカンにせずオゴル」「いつもニコニコする」など、公認会計士として多くの金持ちと付き合う著者が間近で見て体得した、お金操縦法を伝授！

小宮一慶
ぶれない人

「ぶれない」とは、信念を貫くことである。だが、人は目先の利益にとらわれ、簡単に揺らいでしまう。長期的には信念を貫ける人ほど成功できるのだ。人気コンサルタントが本音で語る成功論。

梶原しげる
毒舌の会話術
引きつける・説得する・ウケる

カリスマや仕事のデキる人は、実は「毒舌家」であることが多い。毒舌は、相手との距離を短時間で縮め、濃い人間関係を築ける、高度な会話テクニックなのだ。簡単かつ効果絶大の、禁断の会話術。